HIGIENE E SEGURANÇA DO TRABALHO

UMA ABORDAGEM PRÁTICA E OBJETIVA

RiMa

2022

HIGIENE E SEGURANÇA DO TRABALHO

UMA ABORDAGEM PRÁTICA E OBJETIVA

Daniel Gobato Röhm

Marcelo Alexandre Tirelli

RiMa

2022

R738h	Röhm, Daniel Gobato, Tirelli, Marcelo Alexandre Higiene e segurança do trabalho – uma abordagem prática e objetiva / Daniel Gobato Röhm, Marcelo Alexandre Tirelli – São Carlos: RiMa Editora, 2022.
	194 p. il.
	ISBN: 978-65-996815-0-9
	1. Segurança do Trabalho 2. Higiene Ocupacional. 3. Ergonomia. 4. Gestão de Saúde e Segurança do Trabalho. I. Autores. II. Título.

Comissão Editorial

Dirlene Ribeiro Martins
Paulo de Tarso Martins
Carlos Eduardo M. Bicudo (Instituto de Botânica - SP)
Evaldo L. G. Espíndola (USP - SP)
João Batista Martins (UEL - PR)
Michèle Sato (UFMT - MT)

Rua Virgílio Pozzi, 213 – Jd Santa Paula
13564-040 – São Carlos, SP
Fone: (16) 98806-4652

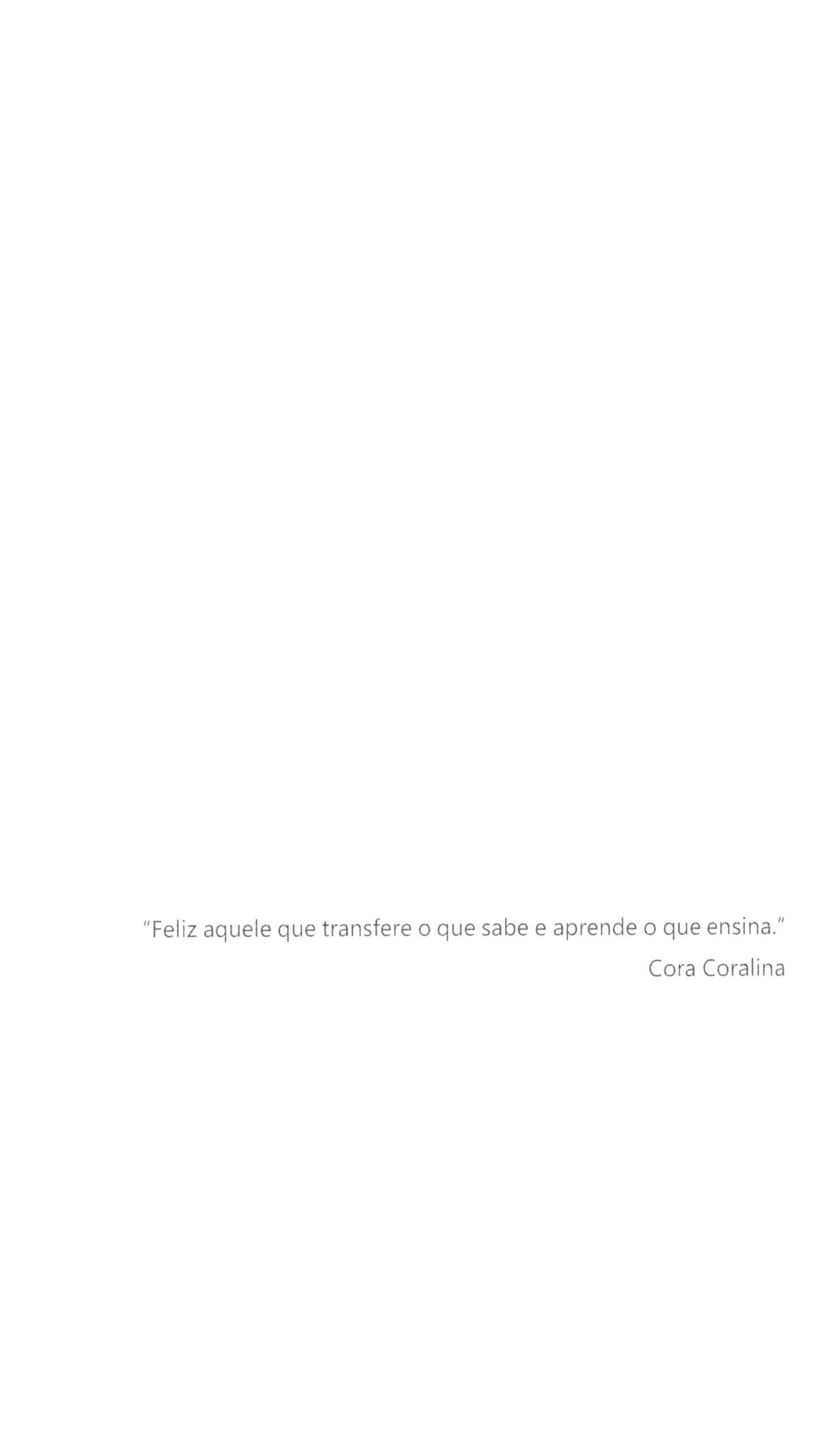

"Feliz aquele que transfere o que sabe e aprende o que ensina."

Cora Coralina

Dedico esta obra aos meus pais, Alfeo e Nazareth, meu alicerce, e à minha família: à Aline, minha esposa e companheira, e a meu filho, o Gabriel, o meu maior professor, que com apenas 7 anos, e sem nenhuma formação, já me ensinou muito sobre um novo significado para a vida.

Daniel Gobato Röhm

Dedico esta obra ao meu pai, Moacyr (*in memoriam*), que me apresentou o primeiro desenho da área de Segurança do Trabalho quando eu era pequeno, e à minha mãe, Maria Eduwiges, pelo apoio em todas as horas. À minha mulher Samara, minha inspiração, que constrói ao meu lado uma vida repleta de aprendizados e amor.

Marcelo Alexandre Tirelli

Prefácio

Os autores, engenheiros de Segurança do Trabalho, lançam esta obra, que aborda de uma forma prática e objetiva a literatura brasileira, coincidindo com dois eventos: o centenário da primeira legislação brasileira sobre Segurança do Trabalho, o Decreto Federal nº 3724, de 15 de janeiro de 1919, e quase meio século da primeira tese de doutorado em Ergonomia, *A Ergonomia do Manejo*, do Professor Doutor Itiro Iida, defendida em 1971 na Universidade de São Paulo (USP).

Somente cinquenta e quatro anos depois da primeira legislação brasileira é que se iniciou a formação oficial dos primeiros profissionais, enfermeiros, engenheiros, médicos e técnicos para atuarem em Segurança e Medicina do Trabalho. Tiveram suas formações a partir de 1973, sob a coordenação da Fundação Jorge Duprat e Figueiredo (Fundacentro), através de cursos amparados pelas Portarias nº 3236 e 3237, de 2 de abril de 1973, do Ministério do Trabalho e Previdência Social.

São Carlos foi a primeira cidade do interior do Estado de São Paulo a oferecer, em 1974, os cursos de Engenharia de Segurança do Trabalho e de Técnico em Segurança do Trabalho, do qual fui aluno.

Durante esses cem anos de legislação, muita coisa mudou: cursos para profissionais e trabalhadores das empresas, treinamentos, leis, publicações, palestras, encontros, congressos, mas muita coisa continua sendo praticada às escondidas e negligenciada.

Os profissionais autônomos e os que compõem os Serviços Especializados em Engenharia de Segurança e em Medicina do Trabalho (SESMTs) encontrarão nesta obra abordagens atuais sobre Ergonomia, Normas Regulamentadoras e Programas de Prevenções e Gerenciamentos de Riscos, inclusive biológicos. É um livro que contribuirá para profissionais da área e também para professores no preparo de aulas e de pesquisas, dando apoio formativo aos alunos dos cursos técnicos, engenharias e da saúde. Os alunos poderão utilizá-lo no preparo de seminários, provas e concursos.

Até fevereiro de 2020, o tempo da produção vinha se transformando em aceleração, e as decisões dos profissionais da área de Segurança do Trabalho precisavam ser tomadas acompanhando a pressão dos minutos, até para evitar mortes. Mas, em março, tudo mudou, com o surgimento da pandemia da Covid-19. O mundo perdeu a velocidade e tudo terá de ser repensado e replanejado.

Neste momento que escrevo este Prefácio, abril de 2020, o mundo está se modificando, convivendo com o isolamento social e assistindo à crise dos equipamentos de proteção individual, principalmente para os profissionais da saúde. Evento esse que coloca em conflito a Segurança do Trabalho.

Quando as escolas, bibliotecas, indústrias e serviços voltarem à normalidade, este livro estará presente para contribuir com os atuais e com os novos procedimentos.

José Alfeo Röhm
Registro MT: 4.603

Sumário

Capítulo 3 – Ergonomia

Capítulo 4 – Gestão de Saúde e Segurança no Trabalho/Gestão Integrada

Introdução

Aconsciência social e a ética dizem que acidentes e doenças ocupacionais são inaceitáveis. Entretanto, as empresas, de acordo com o racionalismo econômico, predizem que estes problemas são inerentes às atividades industriais e que podem ser controlados adequadamente mediante um gerenciamento efetivo das condições perigosas presentes nos ambientas laborais.

Mas o que seria considerado, exatamente, um gerenciamento efetivo? Qual seria o desempenho de um sistema de gestão que pudesse satisfazer tanto o lado ético e social quanto a racionalidade econômica exigida para manter as organizações em funcionamento?

Uma coisa é certa: o avanço das melhorias das condições de trabalho dependerá da competência necessária para a gestão das condições perigosas presentes nos locais de trabalho. Além disso, uma participação mais efetiva e direta dos trabalhadores pode promover relações de trabalho mais democráticas, fazendo com que o sistema de gestão tenha o desempenho desejado por todas as partes interessadas.

É neste contexto de crescente complexidade organizacional e turbulências econômicas que se discute a importância do sistema de gestão para a saúde e segurança no trabalho e a conveniência ou não de adotá-lo como instrumento estratégico.

Infelizmente, a história da indústria foi e continua sendo marcada por grandes acidentes, tais como Seveso (1976), Bhopal (1986), Chernobyl (1986), Piper Alpha (1988), Mariana (2015), Brumadinho (2019), dentre tantos outros. Tais acidentes têm evidenciado para as organizações o quão necessário é aprimorar o gerenciamento de riscos, uma vez que as investigações sempre apontaram as questões organizacionais como responsáveis por essas ocorrências.

Com o intuito de promover uma melhor gestão em saúde e segurança de trabalho por parte das organizações, este livro vem apresentar quatro grandes capítulos norteadores para promover um sistema de gestão eficaz.

O Capítulo 1 aborda a Higiene Ocupacional e apresenta os diversos riscos presentes nos locais de trabalho, bem como seus desdobramentos, formas de controle e prevenção, além de apresentar uma série de acidentes históricos. O Capítulo 2, de forma direta, apresenta a Segurança do Trabalho, apontando as Legislações mais importantes. A Ergonomia e suas definições são o tema do Capítulo 3, que traz também algumas das principais ferramentas ergonômicas que podem ser aplicadas em uma análise ergonômica do trabalho. Por fim, após o alicerce construído pelos capítulos anteriores, veremos, no Capítulo 4, os principais assuntos relacionados ao Sistema de Gestão de Saúde e Segurança no Trabalho e Sistema de Gestão Integrado, bem como os principais programas de prevenção de riscos.

Nós, os autores, esperamos que você faça uma boa jornada rumo à excelência em prevenção em Saúde e Segurança do Trabalho. Desejamos que esta obra seja fonte de conhecimento e que você, leitor, torne-se um profissional melhor em todos os sentidos.

Higiene Ocupacional

1.1 Aspectos históricos

O problema envolvendo os acidentes e doenças ocupacionais não é recente; pelo contrário, tem acompanhado o desenvolvimento das atividades do homem através dos séculos. Assim, o homem primitivo teve sua integridade física ameaçada e sua capacidade produtiva diminuída pelos acidentes próprios da caça, da pesca e da guerra, atividades que eram as mais importantes de sua época. Mais tarde, o caçador que habitava as cavernas transformou-se em artesão e passou a trabalhar em minas e com os metais, gerando as primeiras doenças do trabalho, provocadas pelos próprios materiais utilizados na atividade laboral.

As primeiras referências escritas, relacionadas com esses problemas, encontram-se num papiro egípcio que data de 2360 a.C., o chamado Papiro Seller II:

> "Eu jamais vi ferreiros em embaixadas e fundidores em missões. O que eu vejo sempre é o operário em seu trabalho; ele se consome nas goelas de seus fornos. O pedreiro exposto a todos os ventos, enquanto a doença o espreita, constrói sem agasalho, seus dois braços se gastam no trabalho; seus alimentos vivem misturados com os detritos, ele se come a si mesmo, porque só tem como pão os seus dedos. O barbeiro cansa os seus braços para encher o ventre. O tecelão vive encolhido, joelho ao estômago, ele não respira. As lavadeiras sobre as bordas do rio são vizinhas do crocodilo. O tintureiro fede a morrinha do peixe; seus olhos são abatidos de fadiga, suas mãos não param e suas vestes vivem em desalinho".

Em 460 a.C., Hipócrates, considerado o pai da medicina, também fala dos acidentes e doenças do trabalho. Quatro séculos mais tarde, Plínio (23-79 d.C.), após visitar alguns locais de trabalho, principalmente galerias de minas, descreve impressionado o aspecto dos trabalhadores expostos ao chumbo, ao mercúrio e às poeiras. Menciona ainda a iniciativa dos escravos de utilizar à frente do rosto, à guisa de máscaras, panos ou membranas (de bexiga de carneiro) para atenuar a inalação de poeiras.

Em 1556, um ano após a sua morte, Georg Bauer, mais conhecido pelo seu nome latino de Georgius Agricola, tem publicado em latim seu livro *De Re Metallica*. Após estudar diversos aspectos relacionados à extração de metais argentíferos e auríferos e à sua fundição, dedica o último capítulo aos acidentes de trabalho e às doenças mais comuns entre os mineiros. Agricola dá destaque especial à chamada "asma dos mineiros", provocada por poeiras que descreveu como "corrosivas". A descrição dos sintomas e a evolução da doença fazem lembrar a silicose. Segundo as observações de Agricola, em algumas regiões extrativas, as mulheres chegavam a casar sete vezes, roubadas que eram de seus maridos pela morte prematura encontrada na ocupação que exerciam.

Onze anos mais tarde, surge a publicação de Paracelso (*Aureolus Theophrastus Bombastus von Hohenheim*): *Dos Ofícios e das Doenças da Montanha*. Seu autor nasceu e viveu durante muitos anos em um centro mineiro da Boêmia, e são numerosas as suas observações relacionando métodos de trabalho, ou substâncias manuseadas, com doenças, sendo de se destacar, por exemplo, que, em relação à intoxicação pelo mercúrio, os principais sintomas dessa doença profissional encontram-se ali assinalados, bem como da silicose.

Em 1700, era publicada em Módena, na Itália, a primeira edição do livro *De Morbis Artificum Diatriba*, escrito pelo médico Bernadino Ramazzini (1633-1714). Nessa obra fundamental que lhe valeu o epíteto de "Pai da Medicina do Trabalho", Ramazzini descreve, com rara sensibilidade e grande erudição literária, doenças que ocorrem em trabalhadores de mais de cinquenta ocupações. Às perguntas hipócraticas, fundamentais na anamnese, propõe Ramazzini que se acrescente mais uma: qual é a sua ocupação?

A partir do século XVIII, profundas alterações tecnológicas são iniciadas pela humanidade, e sua importância é de tal magnitude que foi chamada de Revolução Industrial. São inventados a máquina a vapor (James Watts – 1781) e o regulador automático de velocidade (1785), inventos estes que deram ao homem a independência das fontes localizadas de energia (rios) e o uso de uma nova forma controlável (de energia), de baixo custo e abundante.

A organização das primeiras indústrias representou uma tragédia para as classes trabalhadoras, dadas as condições sub-humanas nas quais se desenvolviam as atividades fabris. Os acidentes do trabalho e as doenças provocadas pelas substâncias e ambientes laborais geravam grande número de doentes e mutilados. As primitivas máquinas de fiação e tecelagem necessitavam de força motriz para acioná-las, e esta foi encontrada na energia hidráulica; daí o nome de *mill* pelo qual, até hoje, são conhecidas as fiações nos países de língua inglesa.

A descoberta da máquina a vapor permitiu a instalação de fábricas em quaisquer lugares e, muito naturalmente, nas grandes cidades, onde era abundante a mão de obra. Assim, galpões, estábulos, velhos armazéns eram rapidamente transformados em "fábricas", colocando-se no seu interior o maior número possível de máquinas de fiação e tecelagem. Como mulheres e crianças podiam cuidar das máquinas e receber menos que os homens, deram-lhes trabalho, enquanto o homem ficava em casa, frequentemente sem poder trabalhar.

A princípio, os donos de fábricas compravam o trabalho das crianças pobres, nos orfanatos; mais tarde, como os salários do pai operário e da mãe operária não eram suficientes para manter a família, também as crianças que tinham casa foram obrigadas a trabalhar nas fábricas e nas minas. Intermediários inescrupulosos percorriam as grandes cidades inglesas, arrebanhando crianças, que lhes eram vendidas por pais miseráveis e revendidas, a £ 5 (libras esterlinas) por cabeça, aos empregadores que, ansiosos por obter um suprimento inesgotável de mão de obra barata, se comprometiam a aceitar uma criança com deficiência intelectual para cada 12 crianças sadias.

A improvisação das fábricas e a mão de obra constituída principalmente por crianças e mulheres resultaram em problemas ocupacionais extremamente sérios. Os acidentes do trabalho eram numerosos, provocados por máquinas sem qualquer proteção, movidas por correias expostas, e as mortes, principalmente de crianças, eram muito frequentes. Inexistindo limites de horas de trabalho, homens, mulheres e crianças iniciavam suas atividades pela madrugada, abandonando-as somente ao cair da noite. Em muitos casos continuava mesmo durante a noite, em fábricas parcamente iluminadas por bicos de gás. As atividades profissionais eram executadas em ambientes fechados, onde a ventilação era precaríssima.

Não é, pois, de se estranhar que doenças de toda a ordem disseminassem entre os trabalhadores, especialmente entre as crianças (principalmente as infectocontagiosas, como o tifo europeu, chamado de "febre das fábricas", cuja disseminação era facilitada pelas más condições do ambiente de trabalho e pela grande concentração e promiscuidade dos trabalhadores). Tal dramática situação dos trabalhadores não poderia deixar indiferente a opinião pública, e por essa razão criou-se, no parlamento britânico, sob direção de sir Robert Peel, uma comissão de inquérito que, após longa e tenaz luta, conseguiu que, em 1802, fosse aprovada a primeira lei de proteção aos trabalhadores: a "Lei de Saúde e Moral dos Aprendizes", que estabelecia o limite de 12 horas de trabalho por dia, proibia o trabalho noturno, obrigava os empregadores a lavar as paredes das fábricas duas vezes por ano e tornava obrigatória a ventilação destas.

Em 1830, quando as condições de trabalho das crianças ainda se mostravam péssimas, a despeito dos diversos documentos legais, o proprietário de uma fábrica inglesa, incomodado com as péssimas condições de trabalho dos seus pequenos trabalhadores, procurou Robert Baker, famoso médico inglês, pedindo-lhe conselhos sobre a melhor forma de proteger a saúde dos mesmos. Baker dedicava parte do seu tempo a visitar fábricas e tomar conhecimento das relações entre trabalho e doença, o que levou o governo britânico, quatro anos mais tarde, a nomeá-lo Inspetor Médico de Fábricas. Assim, diante do pedido do empregador inglês, aconselhou-o a contratar um médico da localidade em que funcionava a fábrica, de modo a visitar diariamente o local de trabalho e estudar a sua possível influência sobre a saúde dos pequenos operários, que deveriam ser afastados de suas atividades profissionais tão logo fosse notado que estas estivessem prejudicando a sua saúde. Surgia, assim, o primeiro serviço médico industrial em todo o mundo.

Já em 1831, uma comissão parlamentar de inquérito, sob a chefia de Michael Saddler, elaborou um cuidadoso relatório, que concluía da seguinte maneira:

"Diante desta Comissão desfilou longa procissão de trabalhadores – homens e mulheres, meninos e meninas. Abobalhados, doentes, deformados, degradados na sua qualidade humana, cada um deles era clara evidência de uma vida arruinada, um quadro vivo da crueldade do homem para com o homem, uma impiedosa condenação daqueles legisladores que, quando em suas mãos detinham poder imenso, abandonaram os fracos à capacidade dos fortes".

O impacto desse relatório sobre a opinião pública foi tremendo, e assim, em 1833, foi baixado o *Factory Act*, que deve ser considerada como a primeira legislação realmente eficiente no campo da proteção ao trabalhador. Aplicava-se a todas as empresas têxteis onde se usasse força hidráulica ou a vapor; proibia o trabalho noturno aos menores de 18 anos e restringia as horas de trabalho destes a 12 por dia e 69 por semana; as fábricas precisavam ter escolas, que deviam ser frequentadas por todos os trabalhadores menores de 13 anos; a idade mínima para o trabalho era de 9 anos; e um médico devia atestar que o desenvolvimento físico da criança correspondesse à sua idade cronológica.

Até a Primeira Guerra Mundial, perdurou esta situação, com alguns intentos isolados para controlar os acidentes e doenças ocupacionais, sendo que a conflagração marcou o início dos primeiros intentos científicos de proteção ao trabalhador, estudando-se as doenças dos trabalhadores, as condições ambientais, a distribuição e o desenho das máquinas e equipamentos, as proteções necessárias para evitar acidentes e incapacidades, etc. Esse movimento prevencionista consegue a sua maturidade durante a Segunda Guerra Mundial, quando os países em luta compreenderam que o vencedor seria aquele que tivesse melhor capacidade industrial e, para isto, conseguisse manter maior número de trabalhadores em produção ativa.

Assim, o prevencionismo evoluiu lentamente através dos tempos, caracterizando-se, inicialmente, por ações eminentemente médicas. As primeiras leis de amparo aos acidentes tinham como objetivo principal a reparação de danos causados pelo trabalho, surgindo toda uma legislação social de "reparação" de danos (lesões). Dessa forma, o seguro social realizava ações apenas para evitar o risco de acidentes, ou seja, o risco de lesões.

Por outro lado, já no nosso século, iniciaram-se as ações complementares e necessariamente básicas do prevencionismo, ou seja, era óbvio, como ainda hoje nos é, que, além de reparar os danos causados pelos acidentes, era necessário evitar a sua ocorrência.

Até então, a preocupação era limitada à prevenção dos acidentes-tipo, ou acidentes pessoais, ou simplesmente acidentes, pois, não havendo lesão, não existia o conceito (do ponto de vista legal, também não existe o acidente sem acidentado).

Nos anos 60 surgiram, então, teorias que foram e ainda são importantes, mostrando que, ao se fechar os olhos para os acidentes sem lesão (apenas com danos materiais), perde-se em prevenção, pois o que é realmente aleatório deste fato chamado acidente é o seu resultado (só lesão, só dano material, só dano econômico ou qualquer combinação destes). O acidente não é aleatório na sua chance de ocorrer, pois, persistindo os riscos, ele ocorrerá. O acidente é, porém, aleatório no momento de sua ocorrência e na tipologia dos danos consequentes. A vantagem em estudar todos os tipos de acidentes era justamente poder detectar um maior espectro de riscos e, assim, aperfeiçoar a prevenção.

As teorias buscavam também, com razão, atrair o empresário para a prevenção, mostrando que as perdas materiais e econômicas dos acidentes eram muito maiores do que se imaginava e que sua redução era possível. Mais ainda, tal redução passava pela tecnologia da Engenharia de Segurança, aliada à nova visão que as teorias planejavam adicionar. As duas principais teorias surgidas na década foram:

- *Controle de Danos*: Em 1966, o norte-americano Frank Bird Jr. concluiu um estudo de 90.000 acidentes (75.000 com danos à propriedade) ocorridos em uma empresa metalúrgica durante sete anos e que serviram de base para sua teoria chamada de "Controle de Danos". Um programa de Controle de Danos requer a identificação, registro e análise de todos os acidentes com danos à propriedade, cujos custos devem ser determinados e cuja análise deve desencadear ações preventivas. O programa tinha uma vertente forte na mudança de cultura (ou seja, acidentes sem lesionados passariam a ser considerados acidentes), além de provisões para o levantamento dos custos (essencialmente, os custos de manutenção e reparos causados por acidentes, normalmente diluídos e irreconhecíveis na contabilidade das empresas). Como não havia a informatização, os controles eram feitos por etiquetas apostas aos itens a sofrer manutenção, ou através do uso da letra "A" nas ordens de serviço, para posterior controle (manual) dos custos. Pode agora parecer simples ou até bisonho, mas foi uma revolução para os pensamentos da época. É claro que o programa previa todas as outras ferramentas da prevenção tradicional.
- *Controle Total de Perdas*: Partindo também da premissa de que os acidentes que resultam em danos às instalações, equipamentos e materiais têm as mesmas causas básicas que aqueles que resultaram em lesões, o canadense John A. Fletcher propôs, em 1970, o estabelecimento de "Programas de Controle Total de Perdas". Desde já se observa que permanece, até hoje, o grande apelo dessa denominação e de seus objetivos. Esta teoria, que deve ser mostrada em detalhes nos cursos de Engenharia de Segurança, pode ser assim resumida: Segundo a propos-

ta de Fletcher, o PCP (Planejamento e Controle da Produção) deve ser idealizado de modo a eliminar todas as fontes de interrupção de um processo de produção, quer elas resultem de lesão, dano à propriedade, incêndio, explosão, roubo, vandalismo, sabotagem, poluição ambiental, doença ocupacional ou defeito do produto. Trata-se de uma visão mais abrangente do conceito de "perda" de Bird. Os passos de implementação previam: o levantamento do perfil dos programas de prevenção existentes, a definição de prioridades e a elaboração de planos de ação (usando-se as ferramentas tradicionais de prevenção). Particularmente interessante é o levantamento dos perfis de prevenção, baseado em perguntas-chave, com um sistema de pontos. Tratava-se do embrião dos sistemas de auditoria de segurança, levantando deficiências a serem sanadas nos planos de ação.

As técnicas estruturadas de análise de riscos, ou "Técnicas de Análise de Riscos", como agora as conhecemos, têm sua origem em duas grandes vertentes: a área de processos (indústrias de processo) e a militar/bélico/aeroespacial (na qual se configurou a disciplina "Engenharia de Segurança de Sistemas").

Ao final da Segunda Grande Guerra, nascia uma indústria de armas mais sofisticadas, os mísseis. Em todas as áreas militares norte-americanas (Aeronáutica, Marinha, Exército) já surgiam técnicas embrionárias de análise de riscos, visando reduzir a ocorrência de acidentes operacionais catastróficos por uma ação antes dos mesmos, ou seja, preventiva. Essas técnicas foram se fortalecendo e se aprimorando dentro da indústria de mísseis, de forma a serem desenvolvidos sistemas mais seguros, com menos falhas e riscos de operação. Esse movimento foi se configurando numa disciplina que se consolidou com a corrida aeroespacial (que exigia alta confiabilidade, erro "zero"), chamada Engenharia de Segurança de Sistemas. A maioria das técnicas atuais provém dessa área. Muitas delas surgiram como resposta a riscos inadmissíveis no desenvolvimento de sistemas, ou a catástrofes concretas.

A APR (Análise Preliminar de Riscos), por exemplo, foi desenvolvida e tornada obrigatória após os acidentes com o sistema de mísseis Atlas; as árvores de falhas, pelos riscos de um lançamento não autorizado dos mísseis *Minuteman*. Na área de processos, a busca por plantas mais seguras foi alavancada e consolidada por acidentes sérios, como Flixborough, Seveso, Bhopal. As técnicas mais importantes, que daí surgiram, foram o *HAZOP* (Estudo de Riscos e Operabilidade) e o *What If* (técnica "E se...").

É importante observar que as técnicas, especialmente as de segurança de sistemas, foram gradualmente passando para a área "civil" de riscos já nos anos sessenta. Os primeiros artigos em revistas de segurança do trabalho foram provavelmente os de Recht, em 1966, na *National Safety News* norte-americana. A forma mais técnica e estruturada de se analisarem riscos, a maior objetividade e sistematização eram um fato novo no mundo prevencionista, e, aos poucos, as técnicas se disseminaram pelas empresas. Elas também geraram variantes mais simples ou adaptações que podem ser identificadas em estudos ocupacionais, como a ART (Análise de Riscos no Trabalho) e a própria "Árvore de Causas", uma aplicação ocupacional da técnica SR (Série de Riscos).

Em 1979, Mario Fantazzini e Francesco De Cicco lançaram, pela Fundacentro, a primeira obra em língua portuguesa no Brasil sobre Segurança de Sistemas, com as ferramentas de Análise de Riscos supracitadas e outros conceitos.

Tabela 1.1 Eventos históricos em segurança e saúde ocupacional.

Período	Condição ou evento
1M a.C.	Os Australopithecus usavam pedras como ferramentas e armas. Havia cortes e lesões oculares. Os caçadores de bisões contraíram antraz.
10K a.C.	O homem neolítico iniciou a produção de alimentos e a revolução urbana na Mesopotâmia. Ao final da Idade da Pedra, havia a confecção de ferramentas de pedra, chifre, ossos e marfim; fabricação de cerâmicas e tecidos. Inicia-se a história das ocupações.
5K a.C.	Idade do Bronze e do Cobre. Os artesãos de metais são libertados da produção de alimentos. Surge a metalurgia.
370 a.C.	Hipócrates cuida da saúde de cidadãos, mas não de trabalhadores. Ainda assim identifica o envenenamento por chumbo de mineiros e metalúrgicos.
50	Plínio, o Velho, identifica o uso de bexigas de animais para evitar a inalação de poeiras e fumos.
200	Galen visita uma mina de cobre, mas suas discussões sobre saúde pública não incluem doenças de trabalhadores.
Idade Média	Não existe nenhuma discussão documentada sobre doenças ocupacionais neste período.
1473	Ellenborg reconhece que os vapores de alguns metais eram perigosos e descreve os sintomas de envenenamento ocupacional por mercúrio, com sugestões de medidas preventivas.
1500	No livro *De Re Metallica*, Georgius Agricola descreve a mineração, fusão e refino de metais, com doenças e acidentes correntes e meios de prevenção, incluindo a necessidade de ventilação.
1567	Paracelso refere-se às doenças respiratórias entre os mineiros com uma precisa descrição do envenenamento pelo mercúrio. Lembrado como o pai da toxicologia, afirma: "Todas as substâncias são venenos... é a dose que diferencia os venenos dos remédios".
1665	Em Ídria, a jornada de mineiros de mercúrio é reduzida.
1700	Bernardino Ramazzini, pai da medicina ocupacional, publica *De Morbis Artificum Diatriba* (Doenças dos Artífices) e descreve as doenças (com excelente precisão) e "precauções". Introduz na anamnese médica a pergunta: "Qual a sua ocupação?"

Tabela 1.1 Eventos históricos em segurança e saúde ocupacional (*continuação*).

Período	Condição ou evento
1775	Percival Lott descreve o câncer ocupacional entre os limpadores de chaminé na Inglaterra, identificando a fuligem e a falta de higiene como causa do câncer escrotal. O resultado foi a Lei dos Limpadores de Chaminé de 1788. Os trabalhadores de chaminés alemães não apresentavam casos de câncer escrotal. Suas roupas eram mais bem ajustadas ao corpo do que as dos colegas ingleses e tinham escopo de EPIs.
1830	Charles Thackrah é autor do primeiro livro sobre doenças ocupacionais na Inglaterra. Suas observações sobre doenças e prevenções ajudam na criação de legislação ocupacional. A inspeção médica e a compensação assistencial do Estado foram estabelecidas em 1897.
1900	Alice Hamilton investiga várias ocupações perigosas e influencia as primeiras leis ocupacionais nos EUA. Em 1919, ela se torna a primeira mulher em Harvard e escreve "Explorando as Ocupações Perigosas".
1902-1911	Início de legislação compensatória federal e no estado de Washington. Em 1948, todos os estados cobriam as doenças ocupacionais. Massachusetts designa inspetores de saúde.
1911	Primeira conferência nacional sobre doenças industriais nos EUA.
1912	O Congresso cria taxa proibitiva para o uso de fósforo branco na fabricação de fósforos.
1913	Organiza-se o *National Safety Council*. Nova York e Ohio estabelecem os primeiros grupos (agências) de higiene estaduais.
1914	O serviço de saúde pública (USPHS) organiza a divisão de higiene industrial.
1922	Harvard estabelece graduação em higiene industrial.
1928-1932	O *Bureau of Mines* conduz pesquisa toxicológica de solventes vapores e gases.
1936	A lei Walsh-Healy exige de fornecedores do governo medidas de higiene e de segurança industrial.
1938	Forma-se a ACGIH, então chamada de *National Conference of Governmental Industrial Hygienists*.
1939	Forma-se a AIHA (*American Industrial Hygiene Association*). A ASA (*American Standards Association*, hoje ANSI) e a ACGIH preparam a primeira lista de Concentrações Máximas Permissíveis (MACs) para substâncias químicas na indústria.
1941	O *Bureau of Mines* é autorizado a inspecionar minas.
1941-1945	Expandem-se os programas de higiene industrial nos estados.
1960	O *American Board of Industrial Hygiene* (ABIH) é organizado pela AIHA e pela ACGIH.
1970	OSHA (*Occupational Safety and Health Act*), lei maior de prevenção, é promulgada.

1.2 Definições

A Higiene Ocupacional é uma ciência que trata do reconhecimento, da avaliação e do controle de agentes agressivos passíveis de levar o empregado a adquirir ou desenvolver doença ocupacional.

A *American Board of Industrial Hygiene* traz uma definição semelhante, conceituando a Higiene Ocupacional como:

> "Ciência e prática devotada à antecipação, reconhecimento, avaliação e controle dos fatores e estressores ambientais presentes ou oriundos do local de trabalho que podem causar doença, degradação da saúde ou bem-estar, ou desconforto significativo entre trabalhadores, e podem impactar ainda a comunidade em geral".

Antecipar visando à detecção precoce de fatores de riscos ligados a agentes ambientais. A antecipação é uma estratégia valiosa, principalmente se adotada na fase de projeto, de modo a eliminar ou controlar os riscos.

Reconhecer é ter conhecimento prévio dos agentes do ambiente laboral, de modo a reconhecer os riscos presentes nos processos, materiais, operações associadas, manutenção, subprodutos gerados, rejeitos, bem como nos insumos e no produto final.

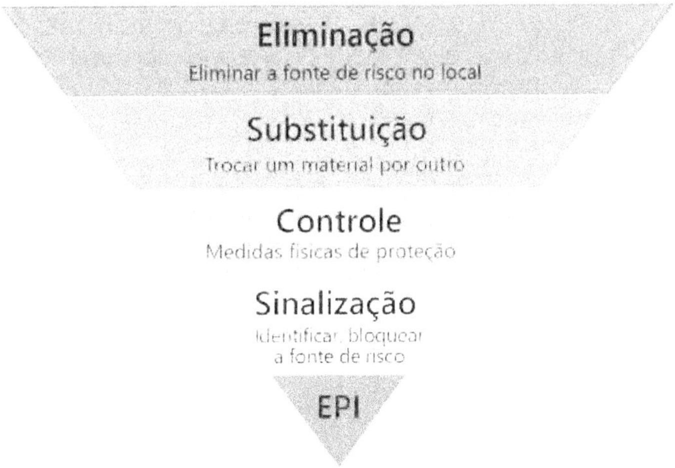

Figura 1.1 Hierarquia de controles.

Avaliar é levantar um juízo de tolerabilidade sobre exposição a determinado risco. O juízo de tolerabilidade é dado pela comparação da informação de exposição ambiental com um critério adequado, geralmente denominado *limite de exposição*, tema que será tratado oportunamente.

Uma vez avaliado, tornam-se necessárias medidas de *controle*, adotando-se medidas de engenharia sobre as fontes e trajetória do agente, atuando sobre os equipamentos e realizando ações específicas de controle, como, por exemplo, os projetos de ventilação industrial. Controlar também é o ato de intervir sobre operações, reorientando-as para ações de eliminação ou redução da exposição.

2. Riscos – definição de risco e perigo

O objetivo desta obra é abordar os riscos existentes em ambientes de trabalho, porém acreditamos ser necessário conceituar os termos risco e perigo para o leitor.

Risco e *perigo* possuem conceitos diferentes, porém sua utilização com conotação similar vem sendo observada no decorrer do tempo por vários estudos. As definições de risco e perigo são apresentadas a seguir:

- Risco: a probabilidade de ocorrência de um evento, associado à sua consequência.
- Perigo: a exposição a algo ou alguma situação que possa causar lesão.

A palavra *risco* só deve ser usada quando acompanhada de um complemento, mencionando um alguém, e é definida como a capacidade de uma grandeza com potencial para causar lesões ou danos à saúde das pessoas. Quando nos referimos a *perigo*, este se caracteriza como uma condição com probabilidade de causar lesão física ou dano à saúde das pessoas por ausência de medidas de controle.

A seguir, listamos um arcabouço de definições, que será exposto para fins de comparação.

- Um perigo é um agente químico, biológico ou físico (incluindo-se a radiação eletromagnética) ou um conjunto de condições que apresentam uma fonte de risco, mas não o risco em si.
- Perigo é a situação que contém uma fonte de energia ou de fatores fisiológicos e de comportamento/conduta que, quando não controlados, conduzem a eventos/ocorrências prejudiciais/nocivas.

Cabe ressaltar que o perigo em si é uma condição que não permite controle ou redução, enquanto é possível controlar, reduzir ou eliminar o risco. A Figura 1.2 elucida o que é o controle do risco:

Figura 1.2 Diferença entre as condições de risco e perigo. *Fonte*: CVS - Cartilha de Vigilância Sanitária (2020).

Já a Tabela 1.2 aborda os riscos reconhecidos pela legislação brasileira, com base na Norma Regulamentadora 5 (NR 05).

Tabela 1.2 Anexo IV NR 05 (Mapa de Riscos) – dez/94. *Fonte:* MTE – NR 05 (1994).

Grupo 1	Grupo 2	Grupo 3	Grupo 4	Grupo 5
Verde	Vermelho	Marrom	Amarelo	Azul
Riscos Físicos	**Riscos Químicos**	**Riscos Biológicos**	**Riscos Ergonômicos**	**Riscos de Acidentes**
Ruído	Poeiras	Vírus	Esforço Físico	Arranjo físico inadequado
Vibrações	Fumos	Bactérias	Posições forçadas	Ferramentas defeituosas e Máquinas sem Proteção
Radiações	Gases	Protozoários	Monotonia	Iluminação inadequada
Temperaturas	Vapores	Fungos	Jornadas Prolongadas	Armazenamento Inadequado
Pressões	Substâncias e Compostos	Parasitas		Eletricidade
Umidade	Névoas	Bacilos		Animais Peçonhentos

No Tópico 2.1, a seguir, serão detalhados os principais riscos, suas características e os efeitos à sua exposição.

2.1 Riscos físicos

Ruído

Começamos este tópico por definições:

Definição técnica: Ruído é um fenômeno físico vibratório com características indefinidas de variações de pressão em função da frequência, ou seja, para determinada frequência podem existir, de forma aleatória através do tempo, variações de diferentes pressões.

Definição prática: Ruído é um tipo de som desagradável ou indesejável, suscetível a causar incômodo.

A Tabela 1.3 apresenta os efeitos da exposição ao ruído.

Tabela 1.3 Consequências da exposição ao ruído.

	Irritabilidade e desequilíbrio emocional
	Ansiedade e tensão
	Contração dos músculos
	Estreitamento dos vasos sanguíneos
Exposição ao ruído	Aumento da pressão arterial
	Insônia
	Alterações menstruais
	Impotência sexual
	PAIR ou PAIRO (perda auditiva induzida por ruído ocupacional)

Vibrações

Definição

É um movimento oscilatório de um corpo em virtude de forças desequilibradas de componentes rotativos e movimentos alternados de uma máquina ou equipamento.

Classificação

Vibrações de corpo inteiro: vibrações transmitidas ao corpo com o indivíduo na posição sentada (reclinado ou não), em pé ou deitada.

Vibrações localizadas: vibrações que atingem certas regiões do corpo, principalmente mãos, braços e ombros.

A Tabela 1.4 apresenta as consequências da exposição às vibrações de mãos e braços, enquanto a Tabela 1.5 aborda os efeitos da vibração de corpo inteiro.

Tabela 1.4 Consequências da exposição à vibração de mãos e braços.

Exposição às vibrações de mãos e braços	Formigamento de mãos e braços
	Branqueamento dos dedos (problemas com a circulação sanguínea), que pode resultar em necrose
	Alteração na temperatura central do corpo, taxa metabólica e tônus vascular
	Perda de tato e destreza

Tabela 1.5 Consequências da exposição à vibração de corpo inteiro.

Exposição às vibrações de corpo inteiro	Problemas na região dorsal e lombar
	Desordens gastrointestinais
	Efeitos negativos ao sistema reprodutivo
	Desordens nos sistemas visual e vestibular
	Problemas nos discos intravertebrais
	Degeneração da coluna vertebral
	Vibrações da ordem de 10 m/s² são preocupantes e da ordem de 100 m/s² podem causar sangramentos internos

Temperaturas extremas

Definição

São condições térmicas rigorosas, bem diferentes daquelas a que o organismo humano é habitualmente submetido, onde o trabalhador realiza suas atividades profissionais.

As Tabelas 1.6 e 1.7 trazem as consequências de exposição ao calor e ao frio, respectivamente.

Tabela 1.6 Consequências da exposição ao calor.

Exposição ao calor	Vasodilatação periférica
	Sudorese
	Síncope de calor
	Câimbras de calor
	Prostração térmica devido à perda de cloreto de sódio
	Hipertermia
	Edema
	Erupção cutânea

Tabela 1.7 Consequências da exposição frio.

Exposição ao frio	Hipotermia
	Geladura ou queimadura do frio
	Síndrome de imersão (pés de trincheira) – morte de tecidos
	Frostbite[1] (congelamento)
	Perda de movimentos finos
	Dificuldade de tomada de decisão

Radiações

Por definição, radiação é uma forma de energia que se propaga através do espaço como partículas ou como ondas eletromagnéticas, variáveis em tempo e espaço, que viajam pelo ar na mesma velocidade da luz. Radiações podem ser subdivididas em dois grandes grupos – radiações ionizantes e radiações não ionizantes – e, basicamente, o que as diferencia são as variações no nível de energia, comprimento de ondas e frequência das radiações.

Radiações ionizantes

O homem sempre conviveu com radioatividade e com radiações eletromagnéticas, mesmo sem nunca ter atentado para isso. Em nossa superfície terrestre são detectadas energias oriundas de raios cósmicos, das estrelas, dentre outras. Os átomos radioativos estão presentes no meio ambiente, nos nossos alimentos e em nosso organismo. Em nosso solo também podem ser encontrados elementos radioativos naturais, como o urânio-238, urânio-235, tório-232, rádio-226 e rádio-228. Além dessas condições naturais citadas, temos também o avanço da tecnologia, permitindo ao homem manipular fontes de radiação (raios X) que podem provocar determinados efeitos biológicos ao organismo.

Quanto à classificação e características das emissões, elas podem ser:

---

1. *Frostbite* (congelamento): O congelamento do tecido ocorre quando a pele se resfria a temperaturas próximas de zero e envolve a formação de cristais de gelo nos tecidos da pele e ruptura das células. No congelamento superficial, a pele e os tecidos subcutâneos são congelados e a pele apresenta-se cinza-esbranquiçada, seca, dura e com perda da sensibilidade. O reaquecimento causa dor, vermelhidão, inchaço e formação de bolhas, e a pele fica azul-arroxeada. No congelamento profundo são congelados músculos, ossos e tendões, além da pele e tecido subcutâneo, e a área afetada apresenta-se pálida e sólida. Pode ocorrer a formação de vesículas hemorrádicas profundas, ulceração e necrose. A gangrena seca pode ser seguida de autoamputação.

♦ Radiações alfa;
♦ Radiações beta;
♦ Radiações gama;
♦ Radiação de nêutrons.

A Tabela 1.8 aborda as características das radiações alfa.

Tabela 1.8 Radiações alfa.

Radiações alfa	Constituídas de emissões do núcleo de átomos instáveis.
Características físicas	Semelhante ao átomo de hélio, com emissões de alta velocidade. São constituídas de dois prótons e dois nêutrons, tendo carga +2.
Alcance	Apresentam grande quantidade de energia em curtas distâncias, limitando o poder de penetração. Para partículas alfa originadas de decaimento radioativo, o alcance no ar fica em torno de 2 a 5 cm.
Proteção	A maior parte dessas partículas não consegue atravessar alguns centímetros do ar, uma folha de papel ou a própria pele humana.
Efeitos biológicos	Não são consideradas capazes de causar dano por irradiação externa, pois são facilmente atenuadas pela camada superficial da pele. No caso de ingestão ou inalação, tornam-se fonte potencial de exposição interna de órgãos e tecidos, em função da alta toxicidade.

A Tabela 1.9 aborda as características das radiações beta.

Tabela 1.9 Radiações beta.

Radiações beta	Envolvem-se com os elétrons procedentes do núcleo atômico.
Características físicas	Possuem massa pequena e carga negativa. A partícula beta de carga +1 é fisicamente similar a um elétron; a partícula beta de carga positiva é denominada pósitron.
Alcance	Depende da energia das partículas beta geradas em decaimentos radioativos; seu alcance no ar chega a cerca de 3 m, por apresentar massa menor que o próton. O elétron penetra mais facilmente na matéria em comparação com a radiação alfa.
Proteção	Em sua maioria, as partículas beta são blindadas por camadas finas de plástico, vidro ou alumínio.
Efeitos biológicos	As partículas beta podem causar danos às células do globo ocular e à pele (derme), em função de sua penetração mais profunda que nos tecidos. Caso inaladas ou ingeridas, tornam-se potencial fonte de exposição interna.

A Tabela 1.10 aborda as características das radiações gama.

Tabela 1.10 Radiações gama.

Radiações gama/ raios X	São fótons de altíssima energia e de frequência alta. Emissões gama são procedentes de núcleo instável, apresentando energias maiores que as de raios X, que são oriundos da eletrosfera no processo.
Características físicas	Possuem massa pequena e carga negativa. A partícula beta de carga +1 é fisicamente similar a um elétron; a partícula beta de carga positiva é denominada pósitron.
Alcance	Depende da energia das partículas beta geradas em decaimentos radioativos; seu alcance no ar chega a cerca de 3 m, por apresentar massa menor que o próton. O elétron penetra mais facilmente na matéria em comparação à radiação alfa.
Proteção	Em sua maioria, as partículas beta são blindadas por camadas finas de plástico, vidro ou alumínio.
Efeitos biológicos	As partículas beta podem causar danos às células do globo ocular e à pele (derme), em função de sua penetração mais profunda que nos tecidos. Caso inaladas ou ingeridas, tornam-se uma potencial fonte de exposição interna.

A Tabela 1.11 aborda as características das radiações nêutrons.

Tabela 1.11 Radiações nêutrons.

Radiações nêutrons	São subprodutos de muitas reações nucleares, como, por exemplo, fissão do urânio-235 (quebra do núcleo do átomo de urânio). Se forem lentas, são denominadas térmicas e podem ser capturadas pelos núcleos, pois os nêutrons não são repelidos por elas. Quando rápidas, possuem energia cinética alta, sendo capazes de colidir com vários núcleos, produzindo grande quantidade de ionização antes de perder sua energia cinética.
Características físicas	São ejetadas do núcleo dos átomos, possuem massa similar à do próton e são bem mais pesadas que uma partícula beta. Devido à sua massa e por possuírem carga neutra, os nêutrons não são capazes de ionizar diretamente ou de interagir com elétrons orbitais. O que ocorre é a colisão do nêutron com um núcleo. Uma partícula carregada ou outra radiação pode ser emitida após a colisão, ionizando átomos vizinhos.
Alcance	Devido à sua massa e ausência de carga, os nêutrons possuem a habilidade de penetração relativamente alta e, por isso, são os mais difíceis de ser blindados ou detectados. Assim, a atenuação de nêutrons depende da energia que possuem.
Proteção	Os melhores materiais para proteção contra nêutrons são os que possuem grande quantidade de hidrogênio ou número atômico baixo, como concreto, terra, água, plástico ou parafina.
Efeitos biológicos	São fontes de exposição externa de alta capacidade de penetração. Neste caso, apresentam maior dose de radiação na exposição quando comparadas com outras radiações já citadas. Das radiações listadas, são as maiores causadoras de danos biológicos aos órgãos e tecidos dos seres humanos, podendo ser letal devido ao seu poder de penetração e grande liberação de energia na matéria.

A Figura 1.3 ilustra o comportamento dos diferentes tipos de radiação aqui citados.

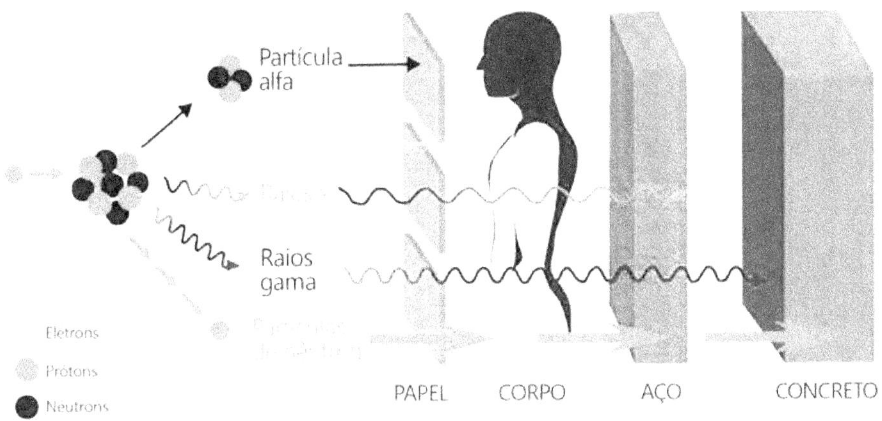

Figura 1.3 Comportamento das diferentes radiações. *Fonte:* Radioproteção na Prática (2020).

Exposição à radiação

A exposição (X) denota a somatória de todas as cargas elétricas de todos os íons de mesmo sinal, produzidos no ar, quando todos os elétrons liberados pelos fótons em um elemento de volume de ar de massa dm são completamente absorvidos:

$$X = dQ/dm \quad R = 2{,}58 \times 10^{-4}\ C/kg$$
$$\text{unidade: } C/kg$$

O Roentgen (R) é uma medida da intensidade da radiação de raios X ou raios gama. É formalmente definida como a intensidade de radiação necessária para produzir ionização e carga de 2,58 x 10⁻⁴ Coulombs por quilograma de ar. É uma das unidades-padrão para dosimetria de radiação, mas não é aplicável a alfa, beta ou outra emissão de partículas. O Roentgen tem sido utilizado principalmente para a calibração de máquinas de raios X.

Atualmente, essa unidade é pouco utilizada, em detrimento da adotada pelo Sistema Internacional de Unidades, o C/kg (carga elétrica dos íons, em coulombs, por 1 kg de ar seco e puro).

Exemplo de uso

Na medida da grandeza chamada de Exposição, que se refere à capacidade de um feixe de radiação eletromagnética (raios X, raios gama, ultravioleta, etc.) causar ionização (retirada de elétrons do átomo) do material atravessado por ele.

Obs.: Ao se mencionar determinada quantidade de Roentgen em um feixe de raios X, por exemplo, isto não significa que toda essa energia atingirá o corpo-alvo; trata-se apenas da energia transportada pela radiação.

Dose absorvida

É a grandeza que expressa a relação entre a energia dE cedida pelos elétrons ao meio em um elemento de volume de massa dm. É a chamada dose ou dose absorvida.

$$D = dE/dm$$

Taxa de dose (D): É o quociente da dose absorvida dD no intervalo de tempo dt.

$$D = dD/dt$$

O rad é uma unidade de dose de radiação absorvida, em termos de energia efetivamente depositada no tecido. O rad é definido como uma dose absorvida de 0,01 joules de energia por kg de tecido. A unidade SI mais recente é a Gray (Gy), a qual é definida como 1 Joule de energia depositada por kg de tecido.

Dose equivalente

É a grandeza que indica a relação entre a dose absorvida (D) e o tipo de radiação ionizante envolvido, que está associado a características das radiações e sua capacidade de ionização da matéria. Assim, denomina-se fator de qualidade (Q), que na prática expressa o efeito biológico advindo da exposição à radiação em função de suas características.

$$H = DXQ$$

em que:
D = dose absorvida
Q = fator de qualidade

Dose equivalente corresponde à energia, transportada por radiação, absorvida pelo tecido biológico e leva em consideração o efeito biológico causado por cada tipo de radiação. Efeitos biológicos por unidade de radiação causados por nêutrons, prótons e partículas alfa são mais danosos do que aqueles originados da ação de elétrons, partículas beta e raios gama, em função de diferentes densidades de ionização. Dose equivalente é determinada multiplicando-se a dose absorvida por um fator de qualidade (*quality factor*), que expressa o efeito biológico prejudicial (eficácia na produção de danos ao tecido biológico). Esses fatores são determinados pela IRCP (*International Commission on Radiological Protection*), que recentemente adotou a série denominada *Radiation Weighting Factors*, conforme a Tabela 1.12.

Tabela 1.12   Fator de efetividade biológica.

Radiação	Fator de efetividade biológica (RBE)
Raios X e gama	1
Elétrons	1
Nêutrons	5-20
Prótons	5
Partículas alfa	20

A unidade característica da dose equivalente é o rem (*Roentgen Equivalent Man*), resultado do produto entre a dose em rads e o fator de qualidade. Em unidades do SI (Sistema Internacional) usa-se o Sievert (Sv), que é igual a 100 rem, resultante do produto entre a dose absorvida em Grays e o fator de qualidade.

Atividade

É a unidade de radioatividade expressa em Bequerel (Bq), que corresponde a uma desintegração de átomos por segundo. A unidade antiga era expressa em Curie e atendia à seguinte relação:

$$1 \text{ Ci (curie)} = 3{,}7 * 10^{10} \text{ Bq}$$
$$1 \text{ Bq} = 1 \text{ dps}$$

Na Figura 1.4, ilustram-se as unidades e o que cada uma delas mensura.

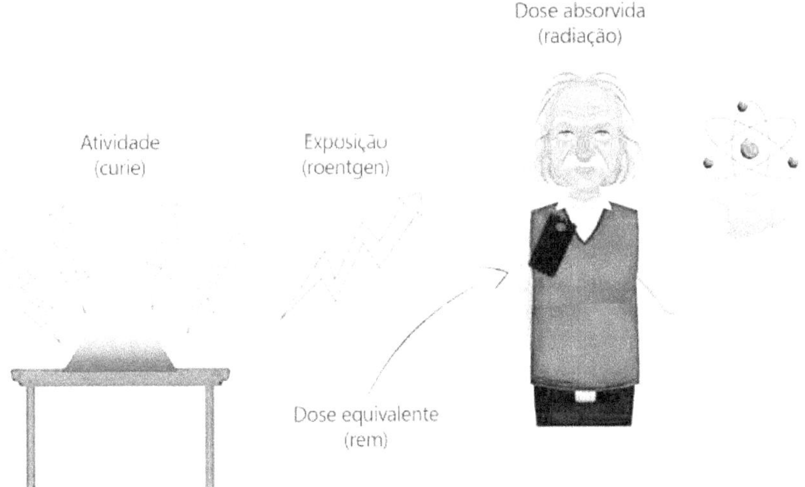

Figura 1.4   Unidades da radiação e o que cada uma delas mensura.

Efeitos da radiação no corpo humano

Os efeitos da radiação podem ser subdivididos em:

♦ Determinísticos
♦ Estocásticos

Os efeitos determinísticos ocorrem quando muitas células em um órgão ou tecido são inativadas; este efeito será clinicamente observado apenas se a dose de radiação for maior que um certo limiar. Este limiar depende da dose relativa ao tempo de exposição, do órgão exposto e do efeito clínico sob ele. Com o aumento da dose, a probabilidade de ocorrência aumentará, chegando a 100%, ou seja, toda pessoa exposta apresentará o efeito e a gravidade do efeito aumentará de acordo com a dose.

Quanto aos efeitos estocásticos, existem comprovações científicas de que o dano causado pela radiação ao DNA em uma única célula pode resultar em uma célula transformada que ainda tem a capacidade de reprodução. Apesar das defesas do corpo, que são geralmente muito eficazes, há certa probabilidade de que esse tipo de dano promovido pela influência de outros agentes, não necessariamente associados à radiação, possa levar a uma condição de malignidade. Como a probabilidade é pequena, isso ocorrerá somente em algumas das pessoas expostas. Caso o dano inicial seja produzido em células germinativas das gônadas, poderão ocorrer efeitos hereditários, denominados somáticos. Estes efeitos somáticos e hereditários são considerados estocásticos.

Evidências também comprovam que os efeitos estocásticos da radiação podem ocorrer, apesar da probabilidade muito pequena com doses muito baixas, ou seja, não existe limiar de dose abaixo do qual não haverá risco. A probabilidade de efeito estocástico atribuído à radiação aumenta com a dose e é proporcional à quantidade para baixas doses. Para doses altas, a probabilidade é diretamente proporcional, aumentando notadamente. Em doses próximas do efeito determinístico, a probabilidade aumenta mais lentamente, e pode começar a diminuir devido ao efeito competitivo da morte celular.

A ação da radiação sobre as células pode ser:

♦ *Direta*: quando o dano é oriundo da ionização de uma micromolécula biológica.
♦ *Indireta*: quando são produzidos danos advindos de reações químicas iniciadas pela ionização da água e gases.

Acidentes históricos
Chernobyl

À 1h23min7s de 26 de abril de 1986, ocorreu aquele que é considerado o maior acidente nuclear da história, o de Chernobyl. Mais especificamente, o problema se deu no reator 4 da Usina V. I. Lenin, situada na cidade de Pripyat, a cerca de 20 km da cidade de Chernobyl, na antiga e extinta União Soviética (atual território ucraniano).

O acidente foi o resultado de falha humana, uma vez que os operadores do reator descumpriram diversos itens dos protocolos de segurança. Além disso, após diversas análises, foi apontado que os reatores RBMK (usados em Chernobyl e em outras usinas soviéticas) tinham um grave erro de projeto, o qual permitiu que o acidente acontecesse.

Tudo começou durante um teste de segurança, que estava em andamento e culminou na explosão do reator 4. Dois trabalhadores da usina morreram e, na sequência, teve início um incêndio no mesmo reator, que se estendeu por dias. A explosão deixou o reator nuclear exposto, enquanto o incêndio foi responsável por jogar na atmosfera uma elevada quantidade de material radioativo. O vento, então, levou o material radioativo lançado na atmosfera, principalmente, para o oeste e norte de Pripyat, e a radiação espalhou-se pelo mundo. Rapidamente, foram identificados altos níveis de radiação em locais como Polônia, Áustria, Suécia, Bielorrússia e até em países muito distantes, como Reino Unido, Estados Unidos e Canadá.

O primeiro país a sentir e alertar a comunidade internacional de que algo havia ocorrido na União Soviética foi a Suécia. Os questionamentos levaram o governo soviético a admitir, no dia 28 de abril, que o acidente havia realmente acontecido. Até então, o governo soviético encobrira os fatos, temendo os impactos para a reputação do país.

Como funcionava a usina de Chernobyl?
O princípio básico de funcionamento da usina de Chernobyl é similar ao de outras usinas nucleares: o reator, local onde são armazenados os combustíveis fósseis, faz com que a energia emitida pela fissão de elementos instáveis, como urânio ou plutônio, aqueça e evapore água pura a cerca de 270°C. Essa água é mantida sob altas pressões e, quando liberada sob pressão, tem capacidade de girar um conjunto de turbinas conectadas a um gerador. Os geradores, por sua vez, são como grandes ímãs e ficam envolvidos em uma enorme quantidade de bobinas condutoras. A produção de energia elétrica acontece de acordo com o fenômeno chamado de indução eletromagnética: enquanto o gerador estiver em rotação, haverá geração de corrente elétrica.

A usina de Chernobyl possuía quatro reatores nucleares RBMK-1000, com capacidade para gerar cerca de 1000 MW de energia elétrica cada. Na época do desastre, a usina produzia aproximadamente 10% de toda a energia elétrica consumida pela Ucrânia. Além disso, foi a terceira usina nuclear construída na União Soviética a utilizar os reatores RBMK, produzidos por uma tecnologia ultrapassada, criada cerca de 30 anos antes da data do acidente.

Nos reatores nucleares, havia uma grande carga de pastilhas de urânio-235. O urânio em pastilhas ficava disposto em varetas metálicas, as quais eram mergulhadas em um tanque de água destilada, a fim de regular o processo de fissão nuclear. Todo o reator era recoberto por uma grande e espessa armadura de grafite. Os quatro reatores usados na usina de Chernobyl eram datados de 1970 e utilizavam a grafite como moderador das reações nucleares. A moderação consistia em desacelerar os nêutrons emitidos pelas fissões nucleares, tornando-os nêutrons térmicos, de modo que a energia emitida por eles fosse transferida para a grafite em forma de calor. Ao entrar em contato com as paredes de grafite, a água também absorve calor e evapora de forma controlada.

Hoje, entretanto, conhecemos um grave problema relacionado a esse tipo de reator: eles não são muito seguros quando operam em potências reduzidas. Nestas condições, a grafite acaba moderando uma quantidade excessiva de nêutrons e liberando calor excessivo. Esse calor em excesso faz com que a fração de vapor de água no interior do reator aumente significativamente, bem como a sua pressão interna. Como o vapor de água não é tão eficiente quanto a água em estado líquido para refrigerar as células de combustível, a reação em cadeia é acelerada até que não seja mais possível controlá-la.

Causas do desastre

O desastre de Chernobyl desdobrou-se em uma sucessão de erros humanos e violações de normas e procedimentos de segurança. Em 25 de abril de 1986, durante um desligamento de rotina, os técnicos da usina realizaram um teste no reator Chernobyl 4. O teste determinaria quanto tempo as turbinas eram capazes de girar após uma queda abrupta de energia. Este mesmo teste já havia sido executado no ano anterior, quando se percebeu que as turbinas haviam parado muito rapidamente. Para resolver isso, novos dispositivos foram instalados ao longo do ano, e estes precisavam de testes.

O operador da usina cometeu alguns erros cruciais durante o experimento, como, por exemplo, a desativação do mecanismo de desligamento automático do reator e o desligamento de quatro das oito bombas de água que eram responsáveis pela refrigeração do reator. Quando o operador deu-se conta da situação e do estado em que o reator se encontrava, já era tarde demais. A reação nuclear já estava extremamente instável, e a quantidade de energia que ele gerava ultrapassou cem vezes a sua potência usual.

Os responsáveis certificaram-se de que era preciso injetar gás xenônio no interior das varetas que continham as pastilhas com cerca de 210 toneladas de urânio-235, uma vez que o xenônio absorve os nêutrons emitidos pela fissão nuclear. Com esta ação, porém, a condição que já era desfavorável ficou pior. A instabilidade do reator tornou impossível o controle da fissão exclusivamente pelo uso do xenônio. Assim, hastes contendo o elemento boro foram inseridas manualmente para frear a emissão de nêutrons, porém, essas mesmas hastes expeliram certo volume de água do reator e, consequentemente, a água restante sobreaqueceu e evaporou, expandindo-se violentamente. A pressão gerada pela água vaporizada foi suficiente para remover a placa de cobertura do reator, que pesava mil toneladas. Nesse momento, uma grande quantidade de vapor foi responsável por liberar os produtos da fissão nuclear, como iodo-131, césio-137 e estrôncio-90, para a atmosfera.

Logo após a primeira explosão, uma segunda, mais forte, ejetou fragmentos das pastilhas de combustível, bem como grafite radioativo aquecido. Graças às altas temperaturas alcançadas pelo reator, seu núcleo fundiu-se, dando início a um grande incêndio. Com isso, uma enorme massa de gases altamente contaminados com diversos tipos de radioisótopos foi expelida para a atmosfera.

Após a segunda explosão, metade do reator 4 estava exposta. Por hora, 300 mil litros de água foram usados para abaixar a temperatura do reator e, com isto, diversos bombeiros também foram expostos à radiação. Entre o segundo e o décimo dia, helicópteros lançaram cinco mil toneladas de boro, dolomita, areia, argila e chumbo sobre o reator que ainda queimava, numa tentativa de cessar a emissão de partículas radioativas.

O ocorrido em Chernobyl liberou aproximadamente 100 MCi (megaCuries), ou 4.1018 becquerels, dos quais cerca de 2,5 Mci foram de césio-137. A grandeza becquerel diz respeito à taxa de desintegração nuclear, ou seja, ela mede o número de decaimentos que acontecem a cada segundo. Em outras palavras, nas proximidades do reator 4, ocorriam 4.000.000.000.000.000.000 de desintegrações nucleares por segundo, dando origem a nuclídeos perigosos como o de césio, cuja a meia-vida é de cerca de 30 anos.

O que foi feito para conter o acidente?

Logo depois da explosão do reator 4, os bombeiros de Pripyat foram convocados para apagar o incêndio. Infelizmente, dada a proporção do desastre, o trabalho dos bombeiros não trouxe resultados, e então passou-se para o plano b, despejando-se materiais, como areia e boro, para conter o incêndio e diminuir a dispersão do material radioativo.

Apesar da situação crítica, Pripyat só foi evacuada 36 horas depois da explosão. A cidade contava, na época, com cerca de 50 mil habitantes, que foram evacuados em 1200 ônibus enviados pelo governo soviético. A população da cidade foi orientada a não levar seus pertences e foi informada de que se tratava de uma evacuação temporária. Os habitantes de Pripyat foram obrigados a abandonar alimentos e animais domésticos, que foram sacrificados posteriormente.

Além da evacuação dos habitantes da região, o governo soviético estabeleceu uma zona de exclusão, a qual incluía locais de alto risco para a presença humana. Desta forma, tudo em um raio de 30 quilômetros de distância da usina de Chernobyl foi evacuado. Para as ações de contenção dos danos foram mobilizadas 800 mil pessoas. Soldados, cientistas, bombeiros, mineiros, operários, dentre outros, foram enviados às pressas para a região.

Os chamados "liquidadores" realizaram diferentes tipos de trabalho na região de Chernobyl. Alguns trabalhavam acompanhando os níveis de radiação, mas havia também aqueles responsáveis por conter a emissão de mais radioatividade, fazer a limpeza da cidade, enterrar objetos contaminados, matar animais, realizar a evacuação da população, revirar o solo, etc. A maioria dos liquidadores enviados para Chernobyl não tinham ideia do risco que corriam com o trabalho que realizavam, mas eram incentivados pelo patriotismo e pelos benefícios oferecidos pelo governo soviético (como salários acima do padrão da época). Um dos trabalhos mais penosos era o de limpeza do teto da usina, repleto de materiais radioativos que faziam parte do interior do reator 4, para posterior construção de uma estrutura que faria a contenção do material radioativo. Essa estrutura ficou conhecida como sarcófago de Chernobyl e foi construída entre junho e novembro de 1986.

Em novembro de 2016, uma nova estrutura metálica de confinamento do reator 4 foi construída pelo governo ucraniano. O novo sarcófago, que custou mais de dois bilhões de euros, foi construído para suportar terremotos de baixa intensidade e projetado para funcionar até o final do século XXI. Ele possui cerca de 7.300 toneladas de metal e 1000 metros cúbicos de cimento.

Consequências

As consequências do acidente de Chernobyl foram severas, sobretudo para três países: Ucrânia, Bielorrússia e Rússia. Nas questões políticas, o acidente de Chernobyl reforçou as medidas do governo de Mikhail Gorbachev (então presidente da URSS) em direção ao desarmamento nuclear da União Soviética.

No que tange às questões ambientais, o acidente de Chernobyl foi um episódio sem precedentes desde que o homem começou a manipular materiais radioativos. Acredita-se que de 13% a 30% do material radioativo do reator 4 tenha sido lançado na atmosfera e que cerca de 60% dele tenha se concentrado no território da Bielorrússia. Aproximadamente um quarto do território bielorrusso foi contaminado e, com isso, o país perdeu cerca de 264 mil hectares de terras cultiváveis. Além disso, na mesma proporção, as florestas bielorrussas foram contaminadas e, atualmente, entre um e dois milhões de pessoas vivem em território contaminado.

O prejuízo financeiro causado pelo acidente, entre 1986 e 2016, foi de, aproximadamente, 235 bilhões de dólares. Somente o governo bielorrusso investiu cerca de 18 bilhões em medidas emergenciais para conter a disseminação da radioatividade. As estimativas feitas por cientistas apontam que a região de Chernobyl deverá permanecer inabitada por até 20 mil anos, até que se torne segura para a ocupação humana.

Pripyat, hoje, é uma cidade-fantasma. Passados mais de trinta anos do acidente, as imagens mostram que a natureza retomou seu espaço na cidade abandonada. Evidências apontam que a quantidade de animais presentes na zona de exclusão aumentou consideravelmente por causa da pequena presença humana. Outra importante consequência do acidente de Chernobyl foi o aumento da incidência de câncer na população ucraniana e bielorrussa, principalmente. Estudos apontam que, até 2005, cerca de seis mil crianças desenvolveram câncer de tireoide em consequência da exposição à radiação. Evidências também apontam aumento na taxa de doentes por leucemia.

Césio-137 em Goiânia

O maior acidente em solo brasileiro com o isótopo césio-137 teve início no dia 13 de setembro de 1987, em Goiânia, Goiás. O desastre fez centenas de vítimas, todas contaminadas por meio de radiações emitidas por uma única cápsula que continha o material.

Como tudo começou?

A curiosidade e a falta de informação por parte de dois catadores de lixo foram os fatores que deram espaço ao ocorrido. Ao vasculharem as antigas instalações do Instituto Goiano de Radioterapia, no centro de Goiânia, encontraram um aparelho de radioterapia abandonado e tiveram a infeliz ideia de remover a máquina com a ajuda de um carrinho de mão e levar o equipamento até a casa de um deles. A ideia da dupla era vender as partes de metal e chumbo do aparelho para ferros-velhos da cidade, mas não tinham a menor noção do que era aquela máquina e o que havia realmente em seu interior.

Após retirarem as peças de seu interesse, o que levou cerca de cinco dias, os catadores venderam o que restou ao proprietário de um ferro-velho. O Sr. Devair Alves Ferreira, proprietário do ferro-velho, desmontou a máquina, expondo ao ambiente 19,26 g de cloreto de césio-137 (CsCl), um pó branco parecido com sal de cozinha que, no escuro, brilha com uma coloração azul. Como esse brilho azul era bonito, ele resolveu exibir o achado aos familiares, amigos e parte da vizinhança. Todos acreditavam estar diante de algo sobrenatural; alguns até levaram amostras para casa. A exibição do pó fluorescente durou quatro dias, e parte do equipamento de radioterapia foi transportada para outro ferro-velho, espalhando ainda mais o material radioativo.

Consequências

Poucas horas após exposição à substância, surgiram os primeiros sintomas da contaminação: vômitos, náuseas, diarreia e tonturas. Grande número de pessoas buscou apoio médico com os mesmos sintomas. Como ninguém imaginava o que estava ocorrendo, os enfermos foram diagnosticados como portadores de uma doença contagiosa. Dias se passaram até que se cogitou a possibilidade de se tratar de uma Síndrome Aguda de Radiação.

Somente 11 dias após o equipamento ter sido encontrado e a esposa do dono do ferro-velho ter levado parte da máquina de radioterapia até a sede da Vigilância Sanitária é que foi possível identificar os sintomas como sendo realmente de contaminação radioativa.

Os médicos que receberam o equipamento solicitaram a presença de um físico nuclear para avaliar o acidente. Constatou-se, então, a existência de radiação na Rua 57, do Setor Aeroporto, bem como em suas imediações. Diante de tais evidências e do perigo que representavam, o físico acionou imediatamente a Comissão Nacional Nuclear (CNEN).

Medidas de descontaminação

A separação das vestimentas das pessoas expostas foi a primeira medida tomada. Tudo foi lavado com água e sabão para descontaminação externa. Após isso, os pacientes tomaram um agente quelante denominado de "Azul da Prússia". Esta substância elimina os efeitos da radiação, fazendo com que as partículas de césio saiam do organismo pela urina e fezes.

Sabia-se que essas medidas não seriam suficientes para evitar que alguns pacientes viessem a óbito. Entre as vítimas fatais, podemos citar a garota Leide das Neves, seu pai Ivo, Devair e sua esposa, Maria Gabriela, e dois funcionários do ferro-velho. Posteriormente, mais pessoas morreram vítimas da contaminação com o material radioativo, dentre eles funcionários que realizaram a limpeza do local. Essas pessoas foram sepultadas em caixões especiais de fibra de vidro revestidos de chumbo e lacrados. A seguir foi despejada uma camada de concreto espessa o suficiente para garantir a estanqueidade contra radiação emitida pelos corpos.

O trabalho de descontaminação dos locais atingidos foi árduo. A retirada de todo o material contaminado com o césio-137 rendeu cerca de seis mil toneladas de lixo (roupas, utensílios, materiais de construção, etc.). Todo o resíduo radioativo coletado encontra-se confinado em 1.200 caixas, 2.900 tambores e 14 contêineres (revestidos com concreto e aço) em um depósito construído na cidade de Abadia de Goiás, onde deve ficar por aproximadamente 600 anos.

O acidente com o césio-137 foi o maior acidente radioativo do Brasil e o maior do mundo a ocorrer fora de usinas nucleares.

Radiações não ionizantes

O espectro eletromagnético é composto de todos os tipos de radiação, incluindo a radiação ionizante (cósmica, raios gama e raios X). A parte não ionizante do espectro é composta das radiações ultravioleta, visível, infravermelha, micro-ondas, ondas de televisão, ondas de rádio e ELF (*extra low frequency*, ou ondas de frequência muito baixas). Quanto maior a frequência, maior a energia associada à radiação eletromagnética.

Como o nome já diz, são radiações que não produzem ionização por não possuir energia suficiente para emissão de átomos ou de moléculas. Assim, podemos dizer que são ondas eletromagnéticas cuja energia é insuficiente para ionizar a matéria incidente.

As radiações não ionizantes são subdivididas em:

♦ Ultravioleta
♦ Radiação visível
♦ Infravermelho
♦ Micro-ondas
♦ Radiofrequência
♦ Baixa frequência

Radiação ultravioleta

A radiação ultravioleta tem frequências entre $7,88 \times 1014$ Hz e 1018 Hz. A faixa mais distante, denominada UVC (100 a 280 nm), é usada para aplicações bactericidas, como a eliminação de germes. As lâmpadas que geram radiação de 245 nm podem também ser utilizadas para destruir bactérias e vírus.

A radiação UVB é chamada também de eritermal e compreende a faixa de 280 a 320 nm. Seus efeitos benéficos incluem o bronzeamento da pele e a produção de vitamina D. A faixa ultravioleta mais próxima da visível vai de cerca de 320 a 380 nm e também é chamada de "luz negra", pois faz com que certos materiais fosforesçam. O espectro da luz solar natural se inicia em cerca de 295 nm, com os comprimentos de onda mais curtos sendo filtrados pela atmosfera. De modo similar, a composição e a espessura do vidro de lâmpadas, bem como as camadas de recobrimento de fósforo nas fontes de mercúrio e fluorescentes, servem como filtros para ondas com menores comprimentos.

Radiação visível

A faixa visível do espectro eletromagnético tem comprimentos de onda entre 380 e 780 nm, correspondendo à faixa de frequências entre 7,88 x 1014 Hz e 3,83 x 1014 Hz. As leis da radiação foram primeiro estudadas para a luz visível; os problemas ocupacionais da iluminação são discutidos na seção "Riscos de Acidentes".

Laser

Laser é a abreviação de *light amplification by stimulated emission of radiation*, ou seja, amplificação da luz por estimulação da emissão de radiação. A luz de fontes convencionais tem variados comprimentos de onda e se irradia em todas as direções, com interferências construtivas e destrutivas. É denominada de luz incoerente. Por outro lado, a luz de uma fonte laser vibra num único plano, se propaga numa única direção e é monocromática (tem um único comprimento de onda). É, assim, denominada de luz coerente. Um instrumento que gera radiação laser produz um feixe de apenas uma frequência, mas esta não precisa ser apenas da faixa visível. Um dos feixes mais poderosos utiliza dióxido de carbono e gera um fluxo contínuo e muito quente de radiação infravermelha. Outros lasers operam nas frequências ultravioletas.

Radiação infravermelha

A *range* do infravermelho se estende aproximadamente desde o vermelho visível (cerca de 750 nm) até a região de micro-ondas (3 mm). A exposição a raios infravermelhos pode ocorrer para qualquer superfície que esteja a uma temperatura inferior à da superfície emissora, ocorrendo transferência de calor radiante quando a energia emitida por um corpo é absorvida por outro. A radiação infravermelha tem inúmeras aplicações associadas a aquecimento, e industrialmente pode-se citar:

- Secagem e cozimento de tintas, vernizes, adesivos, esmaltes, etc.
- Aquecimento de partes metálicas para ajuste na montagem, fundição, etc.
- Desidratação de têxteis, papel, couro, carnes, vegetais, potes de argila, etc.
- Descongelamento de vagões de mina no inverno, de modo que possam ser descarregados.

A radiação infravermelha é percebida pela pele como uma sensação de calor, com o aumento de temperatura da epiderme dependendo do comprimento de onda, do tempo de exposição e da quantidade total de energia transferida ao tecido.

Micro-ondas

A radiação de micro-ondas se localiza entre o infravermelho distante e as ondas de rádio, tendo sido uma das últimas a ser criada em laboratório e a ter aplicação comercial. A energia de micro-ondas é uma forma muito conveniente de aquecimento e em determinadas situações apresenta várias vantagens sobre outras fontes de calor: é limpa, flexível e reage instantaneamente ao mecanismo de controle. Além disso, impede que os produtos de combustão ou o calor convectivo sejam adicionados ao ambiente de trabalho. A facilidade com que esta energia é convertida em calor proporciona altas taxas de conversão e aquecimento.

Ondas de rádio ou radiofrequência

As ondas de rádio e de televisão são utilizadas como transmissoras de sinais, e nós "ouvimos" o rádio ao sintonizar uma dada frequência. Grandes faixas (bandas) de frequência são alocadas para tipos particulares de transmissores de sinais, de modo que a TV usa uma banda de alta frequência, enquanto a CB usa uma frequência mais baixa. As rádios AM e FM usam bandas intermediárias, entre a TV e a CB. O poder emissivo dessas ondas de rádio é muito baixo e ainda não se conhece efeito danoso à saúde.

As radiofrequências podem também ser utilizadas em equipamentos de aquecimento elétrico, existindo muitas aplicações em que se usam aquecedores de alta frequência.

Exemplos e aplicação

Na indústria metalmecânica tem sido usado aquecimento via ondas de rádio para endurecimento de dentes de engrenagens e superfícies de rolamentos, bem como para recozimento e soldagem. Nas fábricas de madeira tem sido usada para laminação e colagem em geral. Na indústria alimentícia, o aquecimento por radiofrequência tem sido usado para esterilização de contêineres e eliminação de bactérias. Outras aplicações incluem moldagem de plásticos, vulcanização de borrachas, imposição de torção em têxteis e vedação térmica. Nestes aquecedores de altas frequências, um retificador transforma a corrente alternada de 60 Hz em corrente contínua. Em seguida, um gerador transforma a corrente contínua em energia na forma de radiofrequência. A frequência gerada é utilizada para aquecimento e se localiza na faixa de 200 kHz a vários MHz, dependendo da aplicação.

Baixa frequência e extra baixa frequência (ELF)

Junto ao início da escala de frequências têm-se as ondas elétricas, que são geradas a partir da conversão de energia mecânica em energia elétrica. Os geradores para uso domiciliar produzem energia na frequência de 60 Hz, a qual pode ser transmitida por centenas de quilômetros através de fios condutores.

Um valor arbitrário de 104 Hz separa, em princípio, as ondas elétricas (abaixo de 104 Hz) das ondas de rádio (acima de 104 Hz). Todavia, algumas aplicações elétricas usam frequências acima desse valor, e alguns usos de radiofrequência se localizam abaixo desse valor limítrofe. A sigla ELF deriva dos termos *extra low frequencies*.

Radiação solar

A radiação solar é composta por:
- Raios cósmicos
- Radiofrequência
- Radiação visível
- Radiação infravermelha
- Radiação ultravioleta

Ao atravessar a camada da atmosfera, a radiação solar perde cerca de um terço de sua energia, chegando à superfície da Terra apenas dois terços da radiação inicial. A UVC é totalmente absorvida pela camada de ozônio, então a radiação solar que atinge o solo é composta aproximadamente por:
- 5% UV (95% UVA e 5% UVB)
- 40% radiação visível
- 55% radiação infravermelha

Radiação ultravioleta

UVC: 100-280 nm (10 a 20% dos efeitos danosos da radiação solar)
UVB: 280-320 nm (queimaduras, fotoenvelhecimento e câncer de pele)
UVA: 320-380 nm

Influência da hora

11 às 15h: pior período de exposição
13h: pico de exposição
12 às 14h: um terço da radiação UV
10 às 16h: três quartos da radiação UV

Influência da latitude: próximo à linha do Equador a incidência é maior.

Influência da altitude: a cada 300 metros de altitude, a incidência aumenta em 4%.

Influência da cobertura de nuvens: mesmo em tempo coberto de nuvens, pode-se sofrer queimaduras, pois as nuvens absorvem o infravermelho, mas não a UV.

Influência do vento: o vento pode dar uma sensação de conforto e, eventualmente, podemos ficar mais expostos à radiação UV.

A radiação ultravioleta já era utilizada em situações de guerra, para esterilização de instrumentos médicos. A exposição dos instrumentos à radiação UV reduzia a possibilidade de existência de bactérias e vírus, evitando possíveis infecções aos que estavam necessitando de cuidados médicos.

A penetração da radiação solar na pele é ilustrada na Figura 1.5.

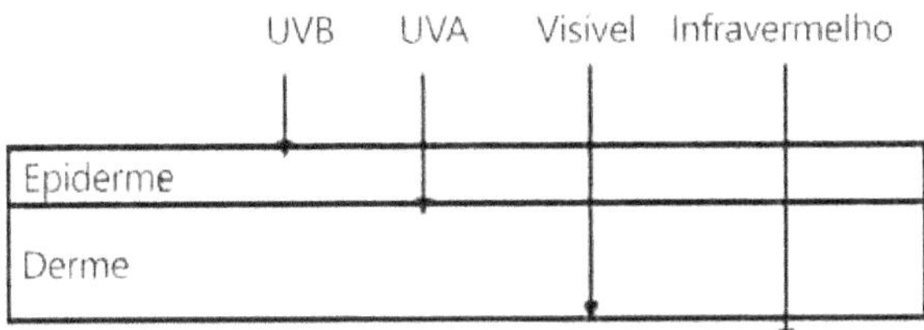

Figura 1.5 Penetração da radiação solar na pele. *Fonte:* USP (2012).

A Tabela 1.13 detalha as formas de exposição à radiação e seus efeitos.

Tabela 1.13 Formas de exposição e efeitos à saúde. *Fonte:* INCA (2019).

Formas de exposição	Efeitos à saúde
No trabalho Os trabalhadores podem ser expostos a campos eletromagnéticos de frequência extremamente baixa, se trabalharem próximos de sistemas elétricos que utilizam grandes potências, como geradores ou cabos de força, variando conforme a potência do campo eletromagnético, a distância do trabalhador em relação à fonte e o tempo de exposição. As maiores exposições ocorrem entre os soldadores e eletricistas. *Ambiental* Todos nós somos expostos a radiações não ionizantes, sejam elas por meio de fontes naturais ou produzidas pelo homem.	A exposição aos campos não ionizantes não são um fenômeno recente, embora a exposição não natural tenha aumentado no século XXI em função das demandas por eletricidade, aprimoramento tecnológico e mudanças no comportamento social. Quanto maior a intensidade do campo magnético externo, maior a circulação de corrente no interior do corpo humano. Tanto os campos elétricos como os magnéticos podem, quando intensos, produzir estimulação em nervos e músculos ou afetar outros processos biológicos. As evidências sugerem que a exposição crônica à radiação não ionizante de baixa frequência e fontes de campos eletromagnéticos de frequência extremamente baixa pode aumentar o risco de câncer em crianças e adultos.
No trabalho Trabalhadores que atuam ao ar livre correm o risco de ter câncer de pele pela exposição à radiação solar. O dano à pele é permanente e aumenta com a frequência e intensidade da exposição. As ocupações com especial risco em função da natureza do trabalho são: trabalhadores da construção civil, agricultores, salva-vidas, policiais de trânsito, carteiros, jardineiros, treinadores e educadores físicos de atividades ao ar livre, motoristas de transportes	A reação mais comum da pele após exposição aos raios solares é o eritema, também chamado de queimadura solar. A pele e os olhos são as principais áreas de risco à saúde decorrentes da exposição à radiação. Uma pessoa que se expõe muito ao sol, especialmente durante a infância, tem o risco aumentado de desenvolver câncer de pele. A exposição ao sol faz com que as camadas exteriores da pele engrossem e, no longo prazo, podem causar rugas

Tabela 1.13 Formas de exposição e efeitos à saúde. *Fonte:* INCA (2019) *(continuação).*

coletivos ou de carga, pescadores e outras ocupações com atividades ao ar livre. *Ambiental* A radiação solar (exposição natural à radiação UV) pode atingir a pessoa diretamente, dispersa em céu aberto e refletida no ambiente. Assim, mesmo que uma pessoa esteja na sombra, ainda pode estar bastante exposta à radiação UV através da claridade natural. Também alguns pisos e superfícies são bastante refletores da radiação UV, inclusive pintura branca, de cores claras e superfícies metálicas. Essas superfícies podem refletir a radiação UV na pele e nos olhos.	e enrijecimento da pele. Nos olhos podem causar ceratites, conjuntivites e cataratas. A exposição solar é a principal causa de câncer de pele. Os carcinomas espinocelular e basocelular representam os tipos mais frequentes de câncer de pele. O melanoma de pele contribui para a maioria das mortes por câncer de pele devido à sua tendência de produzir metástases.

2.2 Riscos químicos

Trata-se de agentes ambientais causadores em potencial de doenças profissionais devido a sua ação química sobre o organismo do trabalhador.

A classificação dos agentes químicos é apresentada na Tabela 1.14.

Tabela 1.14 Classificação dos agentes químicos.

Gases	Substâncias que nas CNTP (Condições Normais de Temperatura e Pressão) estão no estado gasoso, como metano, monóxido de carbono, butano, etc.
Poeira[2]	Partículas sólidas em suspensão no ar derivadas de esmerilhamento, trituração, impacto, tamboreamento, manejo de materiais, etc.
Fumo	Partículas sólidas suspensas no ar geradas pelo processo de condensação de vapores metálicos, como chumbo, antimônio, manganês, ferro, etc.
Névoas	Partículas em suspensão derivadas de pintura por pistola, spray, processo de lubrificação, aplicação de agrotóxico, etc.
Neblina	Gotículas em suspensão formadas pela condensação de gás ou vapor, pela dispersão de líquido por formação de espuma ou, ainda, por atomização.
Vapores	Fase gasosa de uma substância que nas Condições Normais de Temperatura e Pressão (CNTP) é sólida ou líquida, como vapor de gasolina, álcool, benzeno, etc.
Substâncias, compostos ou produtos químicos em geral	Podem englobar qualquer uma das formas de riscos químicos apresentadas anteriormente, como soda cáustica, ácidos, cálcio, etc.

---

2. Alguns autores consideram que a poeira é a forma de apresentação de um agente químico, ou seja, a forma como este agente se incorpora ao ar ambiente. Apesar disto, decidimos manter a definição de poeira dentro da Tabela de Agentes Químicos.

A Tabela 1.15 apresenta os efeitos de contaminação por agentes químicos por via respiratória.

Tabela 1.15 Via de contaminação respiratória.

Via respiratória	Asma
	Bronquite
	Pneumoconioses

A Tabela 1.16 apresenta os efeitos de contaminação por agentes químicos por via dermal/cutânea.

Tabela 1.16 Via de contaminação dermal/cutânea.

Via dermal/cutânea	Alterações na circulação e oxigenação do sangue
	Dermatoses
	Anemia

A Tabela 1.17 apresenta os efeitos de contaminação por agentes químicos por via digestiva.

Tabela 1.17 Via de contaminação digestiva.

Via digestiva	Intoxicação acidental
	Envenenamento

A Tabela 1.18 apresenta os efeitos de contaminação por agentes químicos a partir do manuseio de materiais perfurocortantes.

Tabela 1.18 Via de contaminação devido ao manuseio de materiais perfurocortantes.

Devido ao manuseio de materiais perfurocortantes	Problemas de cicatrização
	Contaminação do sangue
	Contágio devido a bactérias

Produtos químicos: pontos importantes

FISPQ

A Ficha de Informação de Segurança para Produtos Químicos (FISPQ) é um documento criado para normalizar dados sobre a propriedade de compostos químicos e misturas. Este registro foi elaborado pela Associação Brasileira de Normas Técnicas (ABNT), por meio da Norma Brasileira n° 14725-4. É o documento responsável por normatizar informações que obrigatoriamente devem aparecer nas embalagens de qualquer produto que contenha química, de modo que o consumidor fique a par de todos os riscos envolvidos em sua utilização. As embalagens também devem informar os procedimentos de segurança e manuseio adequados, indicando a forma correta de manuseio, transporte e descarte. O objetivo é evitar acidentes de trabalho, doméstico ou qualquer tipo de dano à saúde das pessoas.

Aplicação

Muitos produtos químicos podem representar um grande perigo para as pessoas, e sua utilização incorreta pode causar diversos tipos de doenças de trabalho e transtornos ao meio ambiente. O local onde esses itens são guardados e a forma como são preservados também são questões fundamentais para garantir a segurança de todos.

Os produtos de limpeza, por exemplo, jamais devem ficar próximos a locais de armazenamento de alimentos ou em ambientes muito quentes. Produtos de beleza com formol, muito utilizados para alisar os cabelos, podem causar não só a queda deles, mas também ter efeitos perigosos para a saúde.

Com a FISPQ, o usuário tem a possibilidade de obter a informação real e objetiva sobre o que está para comprar ou usar. E, quanto mais informações, menos são os riscos de que ocorram acidentes. Ao inscrever um determinado produto na FISPQ, também é possível economizar nas avaliações ambientais qualitativas, já que na lista estão presentes detalhes específicos do produto. Dessa forma, as pesquisas podem ser detalhadas e tratar diretamente dos agentes agressivos. Sem ela, o profissional necessitaria fazer um grande estudo para encontrar o agente agressor do produto.

Diamante de Hommel

O Diamante de Hommel, conhecido também por Diagrama de Hommel, é uma simbologia que classifica o risco de diferentes produtos químicos. Teve por base a NFPA (*National Fire Protection Association*), uma associação norte-americana que rege normativos contra incêndio e que se tornou referência internacional no que se diz respeito à proteção de vidas contra incêndio.

Assim, o Diamante de Hommel é uma identificação de fácil reconhecimento e compreensão que indica o grau de perigo envolvendo produtos químicos de variados níveis e substâncias.

O diagrama utiliza cores para identificar o potencial de risco das substâncias perigosas, por meio das seguintes referências:

- Vermelho (inflamabilidade)
- Azul (riscos à saúde)
- Amarelo (reatividade)
- Branco (riscos específicos)

Já os números representam a potencialidade do risco, e podem variar de zero (não há risco importante) a quatro (risco muito alto ou exposição perigosa). A Figura 1.6 exemplifica o Diamante de Hommel.

Figura 1.6 Diamante de Hommel.

Pictogramas – GHS

As ferramentas de comunicação são de extrema importância no processo de reconhecimento e identificação de riscos decorrentes da exposição aos agentes químicos, uma vez que são geralmente a fonte mais direta de informação. Assim, entende-se por ferramenta de comunicação um conjunto padronizado de símbolos, palavras e frases capazes de fornecer, de maneira simples, clara e objetiva, as informações relativas aos perigos dos produtos químicos.

O Sistema Globalmente Harmonizado de Classificação e Rotulagem de Produtos Químicos (GHS) é uma abordagem que traz diretrizes para a comunicação de perigos dos produtos químicos, dentre outras. Basicamente, o GHS conceitua os perigos físicos, à saúde e ao meio ambiente, e estabelece critérios uniformes para a classificação e a comunicação da informação sobre os mesmos por meio de palavras de advertência, frases de perigo, frases de precaução e pictogramas padronizados, a serem utilizados mundialmente nos rótulos e nas fichas de informação de segurança de produtos químicos (FISPQs).

As palavras de sinalização indicam o grau de severidade do perigo e alertam o usuário sobre os danos potenciais provenientes da exposição ao produto químico. A palavra *perigo* (em inglês, *danger*) indica maiores níveis de severidade, enquanto *cuidado/atenção* (em inglês, *warning*) revela níveis menores de severidade.

As frases de perigo descrevem a natureza do perigo, como, por exemplo, "líquido e vapor altamente inflamável". São representadas por um código iniciado pela letra "H" (do inglês, *hazard*) e uma sequência numérica de três algarismos. As frases de precaução, por sua vez, descrevem medidas a serem tomadas para minimizar ou prevenir efeitos adversos resultantes da exposição aos produtos perigosos oriundos da armazenagem ou da manipulação inadequada dos mesmos. Também são representadas por um código, que neste caso inicia-se com a letra "P" (do inglês, *precautionary*) seguida por uma sequência numérica de três algarismos. Os códigos das frases de perigo e precaução não devem ser utilizados em substituição aos respectivos textos nos rótulos e nas FISPQs.

Já um pictograma do GHS refere-se a um conjunto de elementos gráficos, incluindo um símbolo, que representa a classe de perigo associada ao produto, e uma borda. Tais elementos são padronizados em forma e cores. O pictograma deve ter forma quadrada, enquanto o símbolo deve ser preto, com fundo branco e borda vermelha. O GHS estabelece nove pictogramas distintos associados às classes de perigos físicos, à saúde e ao meio ambiente.

O Purple Book é o manual oficial da Organização das Nações Unidas (ONU) para o GHS. Foi publicado em 2003 e, desde então, novas revisões são publicadas a cada dois anos.

No Brasil, o primeiro marco importante em direção à regulamentação da classificação e rotulagem de produtos químicos ocorreu em 1996, com a ratificação da Convenção 170 da Organização Internacional do Trabalho (OIT) e, dois anos mais tarde, com a subsequente promulgação do Decreto 2657, de 3 de julho de 1998. Em 2009, a Associação Brasileira de Normas Técnicas (ABNT) publicou a primeira edição da norma NBR 14725: "Produtos químicos – Informações sobre segurança, saúde e meio ambiente", com o objetivo de fornecer diretrizes para a implantação da Convenção 170 e das disposições do GHS no país.

Outra regulamentação importante foi estabelecida pelo então Ministério do Trabalho e Emprego (atual Ministério do Trabalho) com a publicação, em 2011, da revisão da Norma Regulamentadora 26 (NR 26), que passou a incorporar as bases do GHS para classificação, rotulagem e ficha de informações sobre segurança, como exigência para o trabalho com produtos químicos. Considerando que a adoção do GHS é obrigatoriedade legal no Brasil, sua implementação nos diversos ambientes onde produtos químicos são manipulados, armazenados ou transportados, sejam eles indústrias, instituições de ensino ou pesquisa, requer a familiaridade dos usuários com os elementos de comunicação de perigos preconizados pelo sistema.

A Figura 1.7 ilustra os pictogramas de acordo com o GHS.

Figura 1.7 Pictogramas de acordo com o GHS. *Fonte:* Grupo Venture (2020).

Compatibilidade química

Uma questão que, muitas vezes, não tem merecido a devida atenção é o acondicionamento correto de produtos químicos, devendo-se observar cuidados quanto à incompatibilidade entre eles. A falta de observância desta prática pode provocar reações explosivas, com grande liberação de energia, além de gerar produtos tóxicos, incêndios ou demais contaminações no ambiente. A Tabela 1.19 apresenta a compatibilidade química no armazenamento de produtos químicos.

Os produtos químicos são divididos em Classes de Risco, conforme descrito na própria tabela. Quando as classes de produtos são compatíveis, a tabela apresenta a cor verde, mostrando a letra C, de "compatível", já quando apresentar a cor vermelha e a letra I, de "incompatível", isso significa que as classes são incompatíveis entre si. Note-se que na tabela predomina o vermelho, o que mostra o quanto esta prática é necessária.

As Classes de Risco descritos na tabela são apresentadas abaixo:

Tabela 1.19 Compatibilidade química no armazenamento de produtos químicos.

CLASSE DE RISCO	1.1	1.2	1.3	1.4	1.4S	1.5	1.6	(símbolo)	(símbolo)	(símbolo)	(símbolo)	(símbolo)	(símbolo)	(símbolo)	(símbolo)	(símbolo)	(símbolo)	(símbolo)	(símbolo)	(símbolo)	ácido	alcalino	(símbolo)
Classe 1 - Explosivos Subclasse 1.1 - Substâncias e artefatos de explosão em massa	C	C	C	C	C	C	C	I	I	I	I	I	I	I	I	I	I	I	I	I	I	I	I
Classe 1 - Explosivos Subclasse 1.2 - Substâncias e artigos com risco de projeção	C	C	C	C	C	C	C	I	I	I	I	I	I	I	I	I	I	I	I	I	I	I	I
Classe 1 - Explosivos Subclasse 1.3 - Substâncias e artefatos com risco predominante de fogo.	C	C	C	C	C	C	C	I	I	I	I	I	I	I	I	I	I	I	I	I	I	I	I
Classe 1 - Explosivos Subclasse 1.4 - Substâncias e artefatos que não apresentam risco significativo	C	C	C	C	C	C	C	I	I	I	I	I	I	I	I	I	I	I	I	I	I	I	I
Classe 1 - Explosivos Subclasse 1.4S - Substâncias e artefatos que não apresentam risco significativo	C	C	C	C	C	C	C	I	I	I	I	I	I	I	I	I	I	I	I	I	I	I	I
Classe 1 - Explosivos Subclasse 1.5 - Substâncias e artefatos que não apresentam risco significativo	C	C	C	C	C	C	C	I	I	I	I	I	I	I	I	I	I	I	I	I	I	I	I
Classe 1 - Explosivos Subclasse 1.6 - Substâncias extremamente insensíveis	C	C	C	C	C	C	C	I	I	I	I	I	I	I	I	I	I	I	I	I	I	I	I
Classe 2 - Gás comprimido não inflamável	I	I	I	I	I	I	I	C	C	C	C	C	C	C	C	C	C	C	C	I	C	C	C
Classe 2 - Gás comprimido inflamável	I	I	I	I	I	I	I	C	C	C	I	I	I	I	I	I	C	C	C	I	C	C	C
Classe 2 - Gás comprimido inflamável altamente refrigerado	I	I	I	I	I	I	I	C	C	C	I	I	I	I	I	I	C	C	C	I	C	C	C
Classe 2 - Gás comprimido tóxico	I	I	I	I	I	I	I	C	I	I	C	C	C	C	I	I	I	C	C	I	C	C	C
Classe 3 - Líquido Inflamável (todos)	I	I	I	I	I	I	I	C	I	I	C	C	I	I	I	I	I	C	C	I	C	C	C
Classe 4 - Subclasse 4.1 - Sólidos inflamáveis	I	I	I	I	I	I	I	C	I	I	C	I	C	C	C	I	I	C	C	I	C	C	C
Classe 4 - Subclasse 4.2 - Substâncias sujeitas a combustão espontânea	I	I	I	I	I	I	I	C	I	I	C	I	C	C	C	I	I	C	C	I	C	C	C

Tabela 1.19 Compatibilidade química no armazenamento de produtos químicos (*continuação*).

CLASSE DE RISCO																					ácido	alcalino	
Classe 4 - Subclasse 4.3 - Substâncias que em contato com a água emitem gases inflamáveis	I	I	I	I	I	I	I	C	I	I	C	I	C	C	C	I	I	C	C	C	I	C	C	C
Classe 5 - Subclasse 5.1 - Substâncias oxidantes	I	I	I	I	I	I	I	C	I	I	I	I	I	I	I	C	I	I	I	I	I	I	I	I
Classe 5 - Subclasse 5.2 - Peróxidos Orgânicos	I	I	I	I	I	I	I	C	I	I	I	I	I	I	I	I	C	I	I	I	I	I	I	I
Classe 6 - Subclasse 6.1 - Substâncias Tóxicas	I	I	I	I	I	I	I	C	C	C	C	C	C	C	C	I	I	C	C	C	I	C	C	C
Classe 6 - Subclasse 6.2 - Substâncias Infectantes	I	I	I	I	I	I	I	C	C	C	C	C	C	C	C	I	I	C	C	C	I	C	C	C
Classe 6 - Subclasse 6 - Substâncias nocivas a alimentos	I	I	I	I	I	I	I	C	C	C	C	C	C	C	C	I	I	C	C	C	I	C	C	C
Classe 7 - Substâncias Radioativas (todas)	I	I	I	I	I	I	I	I	I	I	I	I	I	I	I	I	I	I	I	I	C	I	I	I
Classe 8 - Substâncias corrosivas (ácidas) — ácido	I	I	I	I	I	I	I	C	C	C	C	C	C	C	C	I	I	C	C	C	I	C	I	C
Classe 8 - Substâncias corrosivas (alcalinas) — alcalino	I	I	I	I	I	I	I	C	C	C	C	C	C	C	C	I	I	C	C	C	I	I	C	C
Classe 9 - Substâncias Perigosas Diversas (todas)	I	I	I	I	I	I	I	C	C	C	C	C	C	C	C	I	I	C	C	C	I	C	C	C

Pontos importantes a serem observados: mantenha uma distância mínima entre uma área de armazenagem para outra, sendo que tal distância deve variar com um mínimo de 1,5 metros, aumentando 0,5 metro para cada metro a mais de altura de estocagem. O recinto deve possuir sitema de contenção, além de equipamentos para pronto atendimento no caso de vazamentos.

Classe 1 – Explosivo
    1.1 Substâncias e artigos que têm perigo de explosão da massa
    1.2 Substâncias e artigos que têm perigo de projeção, mas não perigo de explosão da massa
    1.3 Substâncias e artigos que têm perigo de fogo e perigo de explosão secundário ou perigo de projeção secundário, mas não perigo de explosão da massa
    1.4 Substâncias e artigos que não apresentam qualquer perigo significante
    1.5 Substâncias muito insensíveis que não têm perigo de explosão da massa
    1.6 Artigos extremamente insensíveis que não têm perigo de explosão da massa

Classe 2 – Gases
    2.1 Gases inflamáveis
    2.2 Gases não inflamáveis/gases não tóxicos
    2.3 Gases tóxicos
    2.4 Gases venenosos

Classe 3 – Líquidos inflamáveis

Classe 4 – Sólidos inflamáveis
    4.1 Sólidos inflamáveis
    4.2 Substâncias sujeitas a combustão espontânea
    4.3 Substâncias que, em contato com água, emitem gases inflamáveis

Classe 5 – Substâncias oxidantes e peróxidos orgânicos
    5.1 Substâncias oxidantes
    5.2 Peróxidos orgânicos

Classe 6 – Substâncias tóxicas e substâncias infectantes
    6.1 Substâncias tóxicas
    6.2 Substâncias infectantes

Classe 7 – Material radioativo

Classe 8 – Substâncias corrosivas

Classe 9 – Substâncias e artigos perigosos diversos
    9.1 Substâncias perigosas misturadas (Canadá)
    9.2 Substâncias perigosas ao meio ambiente (Canadá)
    9.3 Desperdícios perigosos (Canadá)

A importância da proteção respiratória

O uso de EPR (equipamento de proteção respiratória) busca prevenir e evitar a exposição por inalação de substâncias perigosas e/ou ar com deficiência de oxigênio. Na impossibilidade de prevenir a exposição ocupacional, o controle adequado deve ser alcançado, tanto quanto possível, pela adoção de outras medidas que não o uso de EPR. Medidas de controle de engenharia, tais como substituição de substâncias por outras menos tóxicas, enclausuramento ou confinamento da operação e sistema de ventilação local ou geral e medidas de controles administrativos, como a redução do tempo de exposição, devem ser consideradas.

A aplicação de EPR sempre deve ser tida como o último recurso na hierarquia das medidas de controle e o equipamento deve ser adotado somente após cuidadosa avaliação dos riscos. Existem situações, entretanto, nas quais ainda pode ser necessário o uso de um respirador, tais como:

a) outras medidas de controle já foram adotadas, mas a exposição à inalação não está adequadamente controlada;

b) a exposição por inalação excede os limites de exposição e as medidas de controle necessárias estão sendo implantadas;

c) a exposição por inalação é ocasional e de curta duração, sendo impraticável a implantação de medidas de controle permanentes (por exemplo, em trabalhos de manutenção, de emergência, fuga e resgate).

Para que seja possível realizar a escolha de um EPR, é necessário trazer à tona algumas definições:

Fator de proteção respiratório

♦ O respirador selecionado deve ter um Fator de Proteção Atribuído (FPA) adequado à exposição, em cada ambiente atmosférico.

♦ Dividindo-se a concentração do contaminante atmosférico pelo Limite de Tolerância (TLV ou LT), obtém-se o Fator de Proteção Requerido (FPR).

♦ O respirador selecionado deve possuir um FPA maior e nunca igual ao FPR.

♦ O cálculo do FPR é elaborado da seguinte maneira:

FPR = (Concentração do contaminante atmosférico) / (LT ou TLV)

Ambiente IPVS

IPVS é a sigla para "imediatamente perigoso à vida e à saúde". Um exemplo de ambiente IPVS é um espaço confinado, que pode não conter a porcentagem mínima de oxigênio necessária ao corpo humano, além de concentrações nocivas de outros gases.

A Figura 1.8 apresenta um guia passo a passo para a escolha de equipamentos de proteção respiratória.

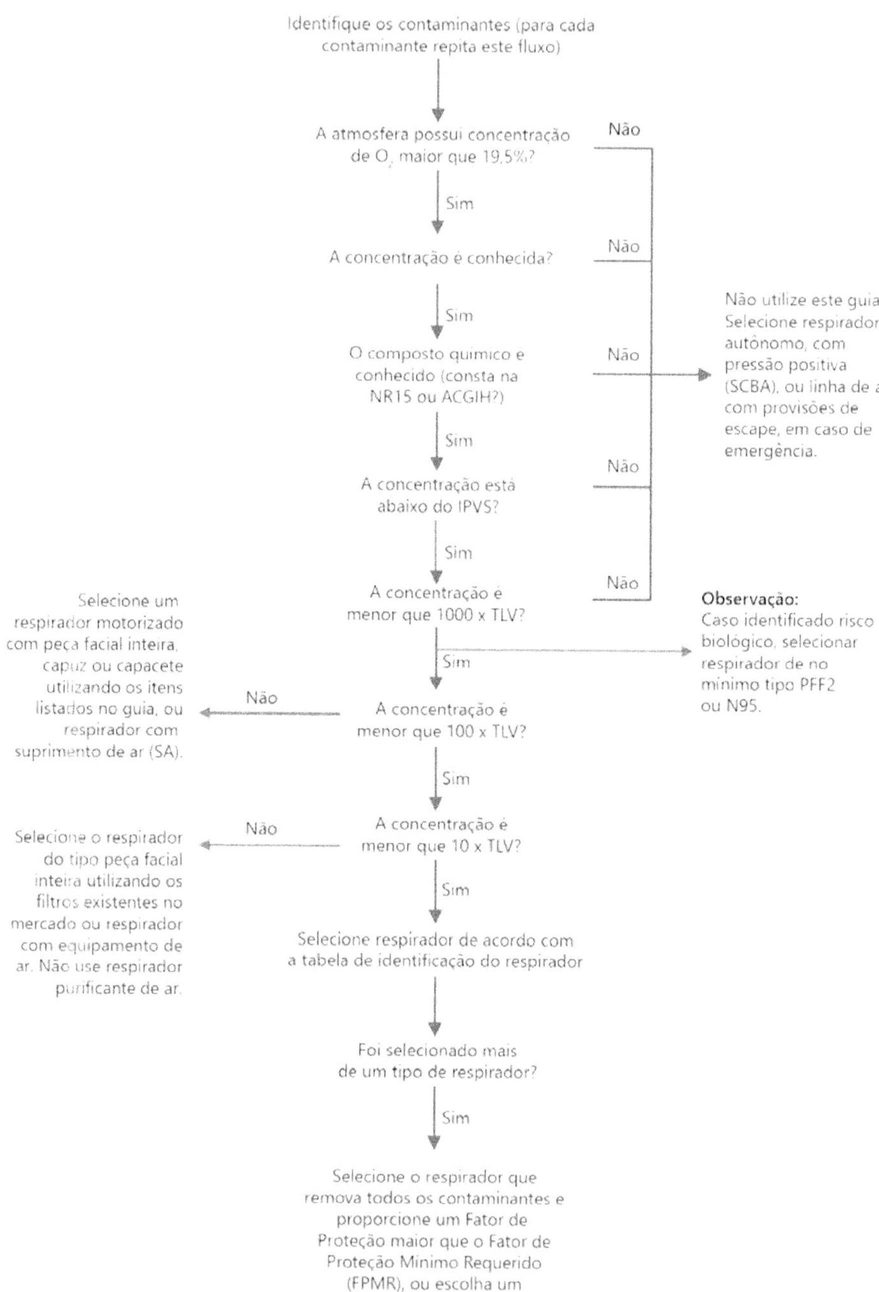

Figura 1.8 Passo a passo de seleção de EPRs.

Acidentes históricos
Bhopal

A cidade de Bhopal, localizada na Índia Central, foi palco de uma das maiores tragédias da história. Tudo teve início no dia 3 de dezembro de 1984, na planta de pesticidas da Union Carbide. Para a produção do produto final, o 1-naftil-N-metilcarbamato (carbarilo), com o nome comercial de *Sevin*, um composto intermediário no processo é o extremamente perigoso isocianato de metila (ICM). Ele é reativo, tóxico, volátil e inflamável. A concentração máxima de exposição ao ICM para trabalhadores, durante um período de 8 horas, é de 0,02 ppm (partes por milhão). Indivíduos expostos a vapores de ICM em concentrações acima de 21 ppm apresentam irritação severa no nariz e na garganta. Largas concentrações do vapor dessa substância causam morte devido a problemas respiratórios. Além disso, o ICM apresenta outras propriedades físicas perigosas. Seu ponto de ebulição é duas vezes mais pesado que o ar, garantindo que, uma vez lançados, os vapores fiquem próximos ao chão.

Esse composto reage exotermicamente com a água. Embora a taxa de reação seja lenta, com um arrefecimento inadequado, haverá aumento de temperatura, fazendo o ICM alcançar seu ponto de ebulição facilmente, sendo necessário resfriar os tanques de armazenamento desse material para evitar esse problema. A reação para a produção do *Sevin*, utilizada pela Union Carbide, é mostrada na Figura 1.9, e inclui o perigoso ICM como um composto intermediário, sendo produzido pela reação exotérmica entre a metilamina e o fosgênio, formando também o cloreto de hidrogênio.

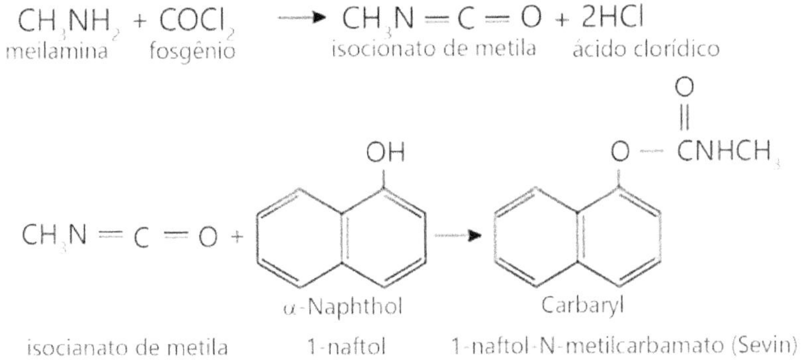

Figura 1.9 Obtenção do *Sevin*.

A Union Carbide utilizava uma grande quantidade do ICM e por isso mantinha alto estoque dessa substância nos tanques. O terrível acidente, na madrugada do dia 3, aconteceu em razão de inúmeras falhas, em que o gás retido nos tanques vazou completamente, indo em direção à cidade de Bhopal.

Efeitos tóxicos do ICM: vômitos; queimadura nos olhos, nariz e garganta, provocando cegueira; edema pulmonar e broncoconstrição, provocando a morte por falência respiratória; efeitos no sistema neurológico (dor de cabeça, distúrbio do equilíbrio, depressão, fadiga e irritabilidade); efeitos teratogênicos, em que os filhos das mulheres afetadas pelo vazamento sofreram sequelas da contaminação do ICM. Muitas mulheres grávidas que habitavam a cidade de Bhopal sofreram abortos instantâneos e houve morte de grande parte dos bebês que nasceram naqueles dias. Foi uma verdadeira catástrofe. Calcula-se que, nas primeiras horas, o acidente fez cerca de oito mil vítimas fatais. E, nos anos seguintes, o número de mortos chegou a 22 mil.

A seguir elenca-se a relação das falhas em Bhopal:

1. *Sistema de instrumentação*: a manutenção dos instrumentos de medição na planta era insuficiente, falhando frequentemente, não sendo assim confiáveis, e muitos sinais de alerta eram desprezados.

2. *Procedimento de isolamento dos tanques de ICM*: as tubulações precisavam ser lavadas periodicamente e por isso havia o risco de entrar água nos tanques de ICM. Na realização da limpeza, havia um procedimento para isolar os tanques através da utilização de um flange cego, que era colocado na tubulação principal. Esse procedimento não foi realizado porque demoraria cerca de duas horas e o operador tinha de usar roupa para vazamento químico.

3. *Sistema de refrigeração do ICM*: como o isocianato de metila tem de ser mantido a 0° C, existia um sistema de refrigeração, mas que tinha sido retirado de operação para manutenção e estava inoperante no dia do acidente.

4. *Lavador de gases*: utilizava uma solução de hidróxido de sódio para neutralizar o ICM, mas também estava inoperante à espera de manutenção. Mesmo se estivesse em operação seria insuficiente para a quantidade de gás que vazou.

5. *Tocha de segurança flare ou scrubber*: estava desativada, com um trecho da tubulação retirado para manutenção. Se estivesse em operação, queimaria todo o ICM, impedindo a contaminação ambiental.

6. *Cortina de água*: apesar de ter sido ligada, o seu alcance era de 12 a 15 m e partia do solo, para controle de vazamentos. Como o *flare* estava inativo por ter um trecho de tubulação retirado para manutenção, o vazamento de ICM deve ter sido no "vent" dos tanques, a 30 m de altura, ou no topo do lavador de gases.

7. *Sistema de armazenamento do isocianato de metila*: o ICM refinado pode ser estocado em dois ou três tanques com capacidade para 15 mil galões cada. O terceiro tanque era utilizado, geralmente, para estocagem de emergência e para controlar temporariamente o ICM fora de especificação, antes de reprocessá-lo. No dia do acidente, os três tanques estavam cheios de ICM. Os produtos dos tanques são circulados por um trocador de calor e resfriados em um sistema de refrigeração com capacidade para 30 toneladas, com o objetivo de manter o ICM à temperatura de 0° C e 2,4 bar. Dessa forma, o ICM refinado é transferido para as unidades de derivados. No dia do fatídico acidente, a temperatura era de 200°C e a pressão de 14 bar.
8. *Sistema de inertização dos tanques de ICM*: para impedir a entrada de qualquer substância no tanque, havia um sistema de pressurização dos tanques de ICM com nitrogênio. Provavelmente a válvula estava com vazamento, pois permitiu a entrada de água no tanque.
9. *Falhas gerenciais*: a) gerência não comprometida com a Segurança do Trabalho (o supervisor de segurança foi para a manutenção e depois para outros setores); b) falta de interesse por parte da gerência da planta; c) falta de sistema de controle de emergências; d) a empresa procurou se eximir de culpa acusando os trabalhadores de sabotagem.

2.3 Riscos biológicos

Estamos expostos constantemente aos mais diversos tipos de microrganismos causadores de doenças. Esta exposição é inevitável, porém, em alguns ambientes de trabalho, corre-se um risco maior de adoecimento.

Consideram-se agentes de risco biológico as bactérias, vírus, fungos, protozoários, parasitas, bacilos, dentre outros. Podem ser encontrados em hospitais, estabelecimentos de serviços de saúde em geral, cemitérios, matadouros, laboratórios de análises, estações de tratamento de esgoto, pontos de reciclagem de lixo, etc. São considerados expostos a estes riscos trabalhadores que ficam em contato com formas vivas, produtos e substâncias derivados de animais, plantas, vírus, bactérias, fungos e protozoários.

A contaminação pode se dar pelo contato com materiais contaminados e com pessoas portadoras de alguma doença contagiosa; por contaminação através de vetores (roedores, mosquitos, baratas e animais domésticos); por contato com roupas e objetos de pessoas doentes; pela permanência em ambientes fechados; por acidentes com objetos perfurocortantes.

Trabalhadores expostos aos riscos biológicos devem realizar exames periódicos pertinentes e receber imunização por meio de vacinas para os agentes mapeados no ambiente de trabalho. Os trabalhadores também devem utilizar

EPIs para proteger-se de contaminações e prevenir acidentes. Esses equipamentos devem permitir fácil visualização de indícios de contaminação

Classificação de agentes patogênicos

De acordo com a Diretiva 90/679 da Comunidade Econômica Europeia (CEE), de 26/11/1990, e como ilustra a Tabela 1.20, os agentes patogênicos são classificados por grupo de risco, com escala de 1 a 4, de acordo com o grau de periculosidade.

Tabela 1.20 Classificação dos agentes patogênicos: Diretiva 90/679 – CEE 26/11/1990. *Fonte:* BRASIL. Ministério da Saúde (2017).

Característica do agente	Grupo de risco			
	1	2	3	4
Facilidade de provocar uma doença	Não	Sim	Sim	Sim
Facilidade de propagação da doença		Não	Sim	Sim
A doença propaga-se facilmente e não se conhece tratamento eficaz			Não	Sim

Com relação ao grau de exposição a agentes patogênicos, duas situações devem ser consideradas:

♦ As tarefas que não exigem a manipulação de microorganismos, mas há a possibilidade de existência deles em determinados ambientes de trabalho, como em hospitais, matadouros, túneis, minas, etc.

♦ O trabalho consiste em manipulação, contato ou emprego de microrganismos (diagnósticos médicos, trabalhos de pesquisa, processos de fermentação, investigação, etc).

A partir do documento "Classificação de Risco dos Agentes Biológicos", elaborado pelo Ministério da Saúde, que é utilizado como referência quanto às classes de risco biológico, alguns pontos podem ser destacados. A avaliação de risco de agentes biológicos considera critérios que permitem o reconhecimento, a identificação e a probabilidade do dano decorrente destes, estabelecendo a sua classificação em classes de risco distintas de acordo com a gravidade dos danos. Assim, a classificação dos agentes biológicos constantes nessa publicação focou-se basicamente nos agentes causadores de enfermidades em humanos e nas taxas de morbimortalidade do agravo. Por outro lado, a análise deve ser orientada por parâmetros que dizem respeito à classificação de risco do agente biológico e ao tipo de procedimento realizado. Consideram-se, ainda, as medidas de biossegurança relativas aos procedimentos (boas práticas), à infraestrutura (desenho, instalações físicas e equipamentos de proteção) e à qualificação de recursos humanos. A organização do trabalho e as práticas gerenciais são integrantes fundamentais de um programa de biossegurança institucional.

Critério para avaliação de risco dos agentes biológicos

A importância da avaliação de risco dos agentes biológicos está na estimativa do risco, no dimensionamento da estrutura para a contenção e na tomada de decisão para o gerenciamento dos riscos. Para isso, consideram-se alguns critérios, dentre os quais se destacam:

- Natureza do agente biológico – organismos ou moléculas com potencial ação biológica infecciosa sobre o homem, animais, plantas ou o meio ambiente em geral, incluindo vírus, bactérias, archaea, fungos, protozoários, parasitas, ou entidades acelulares como príons, RNA ou DNA (RNAi, ácidos nucleicos infecciosos, aptâmeros, genes e elementos genéticos sintéticos, etc.) e partículas virais (VPL).
- Virulência – é a capacidade patogênica de um agente biológico, medida pelo seu poder de aderir, invadir, multiplicar e disseminar em determinados sítios de infecção e tecidos do hospedeiro, considerando os índices de morbimortalidade que ele produz. A virulência pode ser avaliada por meio dos coeficientes de mortalidade e de gravidade. O coeficiente de mortalidade indica o percentual de casos da doença que são mortais, e o coeficiente de gravidade, o percentual dos casos considerados graves.
- Modo de transmissão – é o percurso feito pelo agente biológico a partir da fonte de exposição até o hospedeiro. O conhecimento do modo de transmissão do agente biológico é de fundamental importância para a aplicação de medidas que visem conter a disseminação do patógeno.
- Estabilidade – é a capacidade de manutenção do potencial infeccioso de um agente biológico no meio ambiente, inclusive em condições adversas, tais como a exposição à luz, à radiação ultravioleta, à temperatura, à umidade relativa e aos agentes químicos.
- Concentração e volume – concentração está relacionada com a quantidade de agentes biológicos por unidade de volume. Assim, quanto maior a concentração, maior o risco. O volume do agente biológico também é importante, pois na maioria dos casos os fatores de risco aumentam proporcionalmente ao aumento do volume.
- Origem do agente biológico potencialmente patogênico – deve ser considerada a origem do hospedeiro do agente biológico (humano ou animal), como também a localização geográfica (áreas endêmicas) e o vetor.
- Disponibilidade de medidas profiláticas eficazes – incluem profilaxia por vacinação, agentes antimicrobianos, antissoros e imunoglobulinas. Inclui, ainda, a adoção de medidas sanitárias, controle de vetores e medi-

das de quarentena em movimentos transfronteiriços. Quando essas medidas estão disponíveis, o risco é reduzido.

♦ Disponibilidade de tratamento eficaz – tratamento capaz de prover a contenção do agravamento e a cura da doença causada pela exposição ao agente biológico. Inclui a utilização de antissoros, vacinas pós-exposição e medicamentos terapêuticos específicos. Deve ser considerada a possibilidade de ocorrência de resistência a antimicrobianos entre os agentes biológicos envolvidos.

♦ Dose infectante – consiste no número mínimo de agentes biológicos necessários para causar a doença. Varia de acordo com a virulência do agente biológico e a susceptibilidade do indivíduo à infecção.

♦ Manipulação do agente biológico – a manipulação pode potencializar o risco, como, por exemplo, em procedimentos para multiplicação, sonicação, liofilização e centrifugação. Além disto, deve-se destacar que, nos procedimentos de manipulação envolvendo a inoculação experimental em animais, os riscos irão variar de acordo com as espécies e os protocolos utilizados. Deve ser considerado ainda risco de infecções latentes, que são mais comuns em animais capturados na natureza.

♦ Eliminação do agente biológico – o conhecimento das vias de eliminação do agente é importante para a adoção de medidas de contingenciamento. A eliminação por excreções ou secreções de agentes biológicos pelos organismos infectados, em especial aqueles transmitidos por via respiratória, podem exigir medidas adicionais de contenção. As pessoas que lidam com animais experimentalmente infectados com agentes biológicos patogênicos apresentam um risco maior de exposição devido à possibilidade de mordidas, arranhões e inalação de aerossóis.

Além dos aspectos sanitários, devem ser considerados também os impactos socioeconômicos da disseminação de agentes patogênicos em novas áreas e regiões antes não habituais para o agente biológico considerado. Por este motivo, as classificações dos agentes biológicos com potencial patogênico em diversos países, embora haja concordância em relação à grande maioria destes, variam em função de fatores regionais específicos.

Cabe ressaltar a importância da composição multiprofissional e da abordagem interdisciplinar nas análises de risco. Estas envolvem não apenas aspectos técnicos e agentes biológicos de risco, mas também seres humanos e animais, complexos e ricos em suas naturezas e relações.

Classificação de risco

Os agentes biológicos que afetam o homem, os animais e as plantas são distribuídos em classes de risco, assim definidas:

- Classe de risco 1 (baixo risco individual e para a coletividade): inclui os agentes biológicos conhecidos por não causarem doenças em pessoas ou animais adultos sadios. Exemplos: Lactobacillus sp e Bacillus subtilis.
- Classe de risco 2 (moderado risco individual e limitado risco para a comunidade): grupo composto por agentes biológicos que provocam infecções no homem ou nos animais, cujo potencial de propagação na comunidade e de disseminação no meio ambiente é limitado e para os quais existem medidas terapêuticas e profiláticas eficazes. Exemplos: bactérias, incluindo clamídias e riquétsias (Acinetobacter spp.Chlamydia pneumoniae); fungos (Candida albicans); helmintos (Ascaris lumbricoides); protozoários (Leishmania amazonensis) e vírus (hepatite B e C).
- Classe de risco 3 (alto risco individual e moderado risco para a comunidade): inclui os agentes biológicos que possuem capacidade de transmissão por via respiratória e que causam patologias humanas ou animais potencialmente letais e para as quais existem medidas de tratamento e/ou de prevenção. Representam risco se disseminados na comunidade e no meio ambiente, podendo se propagar de pessoa para pessoa. Exemplo: bactérias, clamídias e riquétsias – Bacillus anthracis, Clostridium botulinum; fungos – Coccidioides immitis; vírus e príons (retrovírus HIV 1 e 2).
- Classe de risco 4 (alto risco individual e alto risco para a comunidade): inclui os agentes biológicos com grande poder de transmissibilidade por via respiratória ou de transmissão desconhecida. Até o momento, não há nenhuma medida profilática ou terapêutica eficaz contra infecções ocasionadas por tais agentes. Eles causam doenças humanas e animais de alta gravidade, com alta capacidade de disseminação na comunidade e no meio ambiente. Exemplo: vírus e príons – filovírus: ebola e poxvírus: vírus da variola. Devemos ressaltar que diversas áreas de trabalho podem apresentar esses agentes: indústrias de transformação, agricultura, indústria de alimentos, espaços hospitalares, laboratórios com os diferentes meios potencializadores para o desenvolvimento do risco biológico. Apesar da diversidade de locais, as principais medidas de segurança são higiene, proteção específica, descontaminação, redução de aerossóis e poeiras, sistema de ventilação e filtros adequados.

A Tabela 1.21 apresenta as consequências da exposição aos riscos biológicos.

Tabela 1.21 Consequências da exposição aos riscos biológicos.

	Infecções
	Contaminações
Exposição a riscos biológicos	Doenças variadas
	Epidemias/pandemias

COVID-19 – A pandemia que abalou o mundo em 2020

Apesar de os primeiros casos terem sido reportados em 2019, a Organização Mundial da Saúde (OMS) decretou situação de pandemia em 11/03/2020.

A definição de pandemia não depende de um número específico de casos. Considera-se que uma doença infecciosa atingiu esse patamar quando afeta um grande número de pessoas espalhadas pelo mundo.

Este livro está sendo escrito durante a pandemia e, portanto, não iremos estimar número de contaminados ou óbitos, pois ainda não há parâmetro para embasamento, até pela falta de teste suficientes para confirmação da doença em nosso país neste momento.

Sabemos que, até o dia 30/11/2020 (OMS, 2020), tivemos, no mundo, 63.118.430 casos, 1.465.492 mortes e 40.334.258 recuperadas da condição de enfermidade. No Brasil, o primeiro caso foi reportado em 26/06/2020. Oito dias depois (06/03/2020), já eram 13 casos oficiais e, em 22/03/2020, evoluíram para 1.891 casos notificados.

A situação gerou um aumento exponencial de consumo de álcool gel e de máscaras hospitalares e N95/PFF2. Cabe aqui uma observação referente ao EPI máscara de proteção respiratória N95/PFF2, através do artigo da ABNT/CB-032 elaborado pela Comissão de Estudos de Proteção Respiratória do Comitê Brasileiro de Equipamentos de Proteção Individual da ABNT), que tem como coordenador Antônio Vladimir Vieira.

O artigo, de título "O uso de máscaras cirúrgicas e máscaras descartáveis (PFF2) para impedir a propagação do coronavírus", assim se posiciona:

> *A resposta natural do ser humano a uma doença nova e desconhecida é sentir ansiedade e buscar proteção. Por isso muitas pessoas estão comprando e até armazenando máscaras descartáveis PFF2. Mas, mesmo se você possuir essas máscaras em meio à escassez global, essa é a opção mais adequada? A resposta é não!*
>
> *E, se você sabe de pessoas infectadas pela Covid-19 próximas a você, é obrigatório o uso das máscaras descartáveis PFF2? A resposta continua sendo não!! Portanto, o público em geral não necessita utilizar uma máscara descartável PFF2 (conhecida fora do Brasil como más-*

cara N95) para se proteger do coronavírus (Covid-19). O contágio pode ocorrer por contato com secreções contaminadas pelo vírus ou inalação de gotículas geradas durante tosse, espirro e conversação.

<u>Recomendações para uso da máscara cirúrgica.</u> Para proteção contra o coronavírus, uma máscara cirúrgica poderá ser indicada, porque se trata de uma barreira que cobre o nariz e a boca. Ela pode proteger as vias respiratórias do usuário contra inalação de gotículas projetadas a curta distância, e evitar a projeção de gotículas geradas por uma pessoa contaminada para o ambiente. Portanto, se uma pessoa está contaminada com o coronavírus, é recomendado que utilize uma máscara cirúrgica, com o objetivo de proteger as pessoas ao seu redor. Outra situação é se a pessoa está gripada, ou acha que está com o coronavírus; nestes casos deve utilizar uma máscara cirúrgica para proteger os outros. Dessa forma, em sua casa, se você apresentar sintomas da doença, ou se estiver cuidando de alguém doente, recomenda-se o uso de uma máscara cirúrgica para sua proteção ou para proteger os membros de sua família.Devemos lembrar que a máscara cirúrgica não é considerada um Equipamento de Proteção Individual (EPI).

<u>Recomendações para uso de máscaras PFF2.</u> A situação dos profissionais de saúde é bastante diferente. Há procedimentos que requerem a utilização de uma máscara descartável tipo PFF2 (equivalente à N95), que é um filtro, também conhecido como "respirador". Para que esta máscara realmente venha a proporcionar a proteção desejada, seu uso deverá seguir o Programa de Proteção Respiratória da Fundacentro e a Cartilha de Proteção Respiratória Contra Agentes Biológicos para da Área da Saúde. Devemos lembrar que o uso da máscara descartável (PFF2) requer cuidados, conforme recomendações da cartilha da Anvisa, caso contrário a própria máscara pode ser um agente de contaminação, devido ao manuseio e uso inadequado.

Utilizar uma máscara descartável (PFF2) pode criar uma falsa sensação de segurança. Pessoas que não têm o treinamento adequado para utilizá-las podem, ao contrário, elevar seu risco de contaminação devido a essa falsa segurança que o equipamento lhes traz. Por exemplo, se a pessoa não lavar as mãos com água e sabão, ao colocar a máscara e ao removê-la, poderá contaminar-se com as partículas que o próprio equipamento reteve na filtragem. O uso indiscriminado das máscaras PFF2 em meio à escassez existente torna seu suprimento mais difícil para hospitais e profissionais de saúde que realmente precisam delas. Devemos garantir aos profissionais da saúde a sua proteção, pois serão eles que irão cuidar de nós, caso precisemos. Qual a melhor maneira de se prevenir da Covid-

19? O recomendado é lavar as mãos regularmente, cobrir a boca e o nariz com um cotovelo flexionado ou tecido descartável ao espirrar ou tossir e evitar o contato com o nariz, olhos e boca sem estar com as mãos lavadas.

O coronavírus é um vírus 'envelopado', o que significa que possui uma camada externa da membrana lipídica, ou seja, de gordura. Lavar as mãos com água e sabão tem a capacidade de 'dissolver' essa camada gordurosa e matar o vírus. Lave as mãos antes e depois de comer e evite tocar seu rosto, "especialmente a boca, nariz e os olhos". Leve também um desinfetante (por exemplo, o álcool) para as mãos, caso você não consiga água e sabão após tocar uma superfície contaminada (como maçaneta, corrimão, etc.). Você também pode se proteger da contaminação pelo coronavírus com outras precauções: evite aglomerações, mantenha os ambientes bem ventilados, evite contato próximo com pessoas doentes, se observar alguém tossindo, espirrando ou parecendo doente, fique a uma distância segura para evitar ser atingido pelas gotículas das secreções. (Texto elaborado pelo ABNT/CB-032/CE-032 002 001 – Proteção Respiratória, baseado em 2020 Forbes Media LLC, Cartilha de Proteção Respiratória da ANVISA e Programa de Proteção Respiratória da Fundacentro.)

2.4 Riscos de acidentes

Iluminação inadequada

A iluminação não é, em comparação com outros agentes em higiene ocupacional levantados, propriamente um "agente agressivo" do ponto de vista de limites de tolerância e doenças ocupacionais. Ainda assim, quando a mesma está inadequada – e na maioria das vezes a inadequação se refere à deficiência da iluminação –, podemos perceber algumas consequências, tais como:

- ◆ maior fadiga visual e geral;
- ◆ maior risco de acidentes;
- ◆ menor produtividade/qualidade;
- ◆ ambiente psicologicamente negativo.

A Tabela 1.22 apresenta os efeitos da iluminação inadequada.

Tabela 1.22 Efeitos da iluminação inadequada.

Iluminação inadequada	Maior probabilidade de acidentes quando ocorre uma variação brusca de iluminância.
	Efeito estroboscópico, gerando a falsa impressão de uma máquina rotativa estar parada, quando ela está funcionando.

A norma ABNT NBR ISO 8995:2013 determina os valores de iluminância para cada situação, conforme ilustrado na Figura 1.10.

PLANEJAMENTO DOS AMBIENTES (ÁREAS), TAREFAS E ATIVIDADES COM A ESPECIFICAÇÃO DA ILUMINÂNCIA, LIMITAÇÃO DE OFUSCAMENTO E QUALIDADE DA COR

Tipo de ambiente, tarefa ou atividade	$\bar{E}_m$ lux	UGR_L	R_a	Observações
1. Áreas gerais da edificação				
Saguão de entrada	100	22	60	
Sala de espera	200	22	80	
Áreas de circulação e corredores	100	28	40	Nas entradas e saídas, estabelecer uma zona de transição, a fim de evitar mudanças bruscas.
Escadas, escadas rolantes e esteiras rolantes	150	25	40	
Rampas de carregamento	150	25	40	
Refeitório/Cantinas	200	22	80	
Salas de descanso	100	22	80	
Salas para exercícios físicos	300	22	80	
Vestiários, banheiros, toaletes	200	25	80	
Enfermaria	500	19	80	
Salas para atendimento médico	500	16	90	T_{cp} no mínimo 4 000 K.
Estufas, sala dos disjuntores	200	25	60	
Correios, quadros de distribuição	500	19	80	

Figura 1.10 Valores de iluminância conforme ABNT NBR ISO 8995:2013. *Fonte:* ABNT NBR 8995 (2013).

Exposição a riscos: efeitos agudos e crônicos

Quando abordamos o tipo de efeito de uma substância ou de um risco, podemos estar lidando com duas situações.

- ◆ Aguda: aquela em que os efeitos são produzidos por uma única ou por múltiplas exposições a uma substância, por qualquer via, por um curto período, inferior a um dia. Geralmente as manifestações ocorrem rapidamente.
- ◆ Crônica: aquela em que os efeitos ocorrem após repetidas exposições, por um período longo de tempo, geralmente durante toda a vida ou aproximadamente 80% do tempo de vida.

A Tabela 1.23 apresenta exemplos de exposição a agentes químicos e seus efeitos agudos e crônicos.

Tabela 1.23 Exemplo de exposição a agentes químicos e seus efeitos agudos e crônicos.

Situação de risco	Efeito agudo	Efeito crônico
Névoas de ácidos	Olhos e garganta irritados, umedecimento dos olhos, tosse, dor de garganta, dor no peito.	Enfisema e bronquite crônica.
Asbesto	Moderada irritação respiratória, espirros e tosse.	Câncer pulmonar e asbestose.
Monóxido de carbono	Dores de cabeça, tontura e confusão mental; em doses altas, desmaios e morte.	Contribui para paradas cardiorrespiratórias.
Tricloroetileno	Sensação de torpor, euforia, dormência e tonturas.	Danos ao fígado e aos rins. Possivelmente evoluindo para câncer de fígado.

Além da definição de efeitos crônicos e agudos, temos também o período de latência, que pode ser caracterizado como o período de tempo decorrente entre o início da exposição e a manifestação de sintomas no corpo humano.

3. TLVs (limites de exposição ocupacional)

Há diferentes nomenclaturas para os chamados "limites de tolerância", e algumas delas são marcas registradas dos seus patrocinadores, conforme segue:

- ACGIH®: TLV® Threshold Limit Values
- NIOSH (EUA): REL Recommended Exposure Limit
- OSHA (EUA): PEL Permissible Exposure Limit
- MTE (Brasil) – Portaria 3214 – NR 15 LT – Limite de Tolerância

Algumas organizações, como a Fundacentro e a Associação Brasileira de Higiene Ocupacional (ABHO), dão preferência pelo uso da nomenclatura LEO – Limite de Exposição Ocupacional.

Podemos definir o Limite de Exposição Ocupacional como um valor abaixo do qual há razoável segurança para a maioria dos expostos contra o desencadeamento de doenças causadas por um agente ambiental.

Para a ACGIH (*American Conference of Governmental Industrial Hygienists*):

"os TLVs referem-se a concentrações de substâncias químicas dispersas no ar (assim como a intensidades de agentes físicos de natureza acústica, eletromagnética, ergonômica, mecânica e térmica) e representam condições às quais, se acredita, a maioria dos trabalhadores possa estar exposta, repetidamente, dia após dia, sem sofrer efeitos adversos à saúde".

A "maioria" implica uma "minoria", ou seja, pessoas que não estarão necessariamente protegidas em nível do LE, ou mesmo abaixo do mesmo, podem ser hipersuscetíveis pela própria natureza da variabilidade individual [todo critério tem um ponto de corte; até recentemente, o LE (Limite de Exposição) para ruído da ACGIH pretendia a proteção de 90% dos expostos], ou por fatores de hipersuscetibilidade específica, como é o caso dos albinos em relação à radiação ultravioleta.

Muitas vezes, a adoção de um LE não significa que se evitarão todos os efeitos. No caso do ruído, trata-se apenas da perda auditiva induzida, embora se saiba que há outros efeitos à saúde. Muitas vezes, é difícil modelizar tais efeitos para fins de um limite, pois há grande variabilidade individual; outras vezes, simplesmente não há relação dose-resposta, como no caso de carcinogênicos (o LE para asbestos pode protegê-lo da fibrose pulmonar, mas não dos cânceres, cuja relação é estocástica, uma chance dependente do nível de exposição – já fica aqui o alerta para evitar toda exposição ao dito cujo).

É preciso conhecer qual a base de tempo do LE, sobre o qual se estabelece a média ponderada de exposição (esta já é uma questão de avaliação); pode ser de seis minutos, como ocorre com radiofrequência, uma hora para exposição ao calor ou, mais frequentemente, oito horas, ou a jornada, para a maioria dos casos.

É preciso lembrar que o limite de exposição ocupacional representa a melhor abordagem disponível, dentro de certos critérios, a respeito do conhecimento acerca do agente ambiental, em termos correntes, ou seja, é um conceito sujeito a contínua evolução, pois o que se tem é apenas o que se conhece na atualidade de sua emissão. Frequentemente, os LE são rebaixados, e raramente aumentados (ou seja, houve alguma superestimação do risco).

Os LE no contexto técnico-legal são chamados de Limites de Tolerância e são abordados na Lei n°. 6514, de 1977, e nas Normas Regulamentadoras (NRs). É claro que, neste caso, muitas considerações técnicas complementares não podem ser enunciadas. O uso do LT está associado à caracterização ou não da insalubridade vinculada a um agente ambiental e ao pagamento do respectivo adicional.

Limites de Exposição Ocupacional (LEOs)

Com mais aplicação nas avaliações das substâncias químicas, os LEO encaixam-se em diferentes categorias, conforme segue:

- ♦ LEO – TWA ou MPT – Limite de Exposição Ocupacional Média Ponderada no Tempo;
- ♦ LEO – Teto (ou *Ceiling*) – Limite de Exposição Ocupacional – Valor Teto;
- ♦ LEO – STEL – Limite de Exposição Ocupacional para um curto período de exposição;

- ◆ LEO – Mistura – Limite de Exposição Ocupacional para exposição simultânea a várias substâncias com efeitos no mesmo sistema ou órgão do corpo humano;
- ◆ LT – Valor Máximo – Máximo Valor do Limite de Tolerância (adotado somente na NR 15).

Esta seção apresenta os Limites de Exposição (TLVs) para a exposição ocupacional a agentes físicos de natureza acústica, eletromagnética, ergonômica, mecânica e térmica. Assim como outros TLVs, os limites para agentes físicos fornecem um guia dos níveis de exposição e das condições sob as quais, acredita-se, quase todos os trabalhadores saudáveis possam estar repetidamente expostos, diariamente, sem sofrer efeitos adversos à saúde.

Os órgãos-alvos e os efeitos à saúde causados por agentes físicos podem variar bastante em função da natureza desses agentes. Portanto, os TLVs não são simples números, mas sim uma integração dos parâmetros medidos do agente, seus efeitos em trabalhadores, ou ambos. Devido aos muitos tipos de agentes físicos, é utilizada uma variedade de disciplinas científicas, de técnicas de detecção e de instrumentação. Assim, é especialmente importante que os TLVs para agentes físicos sejam aplicados apenas por indivíduos adequadamente treinados e experientes nas correspondentes técnicas de avaliação e medição. Dada a inevitável complexidade de alguns destes LEO, a ACGIH ® lançou outra publicação, chamada de *Documentação dos TLV® e BEI®*, que deve ser consultada pelo higienista na adoção de valores que definirão a exposição dos trabalhadores aos agentes físicos.

Em decorrência das grandes variações na susceptibilidade individual, a exposição de um indivíduo aos níveis estabelecidos como TLV, ou mesmo abaixo desses níveis, pode resultar em distúrbio, agravamento de condições preexistentes ou, mesmo, ocasionalmente, em danos físicos. Certos indivíduos podem também ser hipersusceptíveis ou incomumente reativos a certos agentes físicos do local de trabalho devido a uma variedade de fatores, tais como: predisposição genética, idade, hábitos pessoais (fumo, álcool ou outras drogas), medicação, ou exposições prévias ou concomitantes. Tais trabalhadores podem não estar adequadamente protegidos dos efeitos adversos decorrentes das exposições a certos agentes físicos em nível ou mesmo abaixo do limite de exposição. Um médico do trabalho deve avaliar a extensão da proteção adicional requerida para tais trabalhadores.

Os limites de exposição são baseados em informações disponíveis da experiência industrial, estudos experimentais com animais e seres humanos e, quando possível, da combinação dos três, como citado em suas respectivas documentações.

Como todos os TLVs, esses limites destinam-se ao uso na prática de higiene ocupacional e deveriam ser interpretados e aplicados apenas por pessoa treinada na disciplina. Eles não se destinam ao uso, ou por modificação para o uso:

a) na avaliação e controle dos níveis de agentes físicos na comunidade; ou b) como prova ou refutação de uma incapacidade física existente.

A publicação americana, cujo título original é *2019 TLVs and BEIs Threshold Limit Values for Chemical Substances and Physical Agents and Biological Exposure Indices*, contém uma grande quantidade de informações sobre o que se consideram limites seguros para uma ampla gama de agentes químicos e físicos. Publicada pela ACGIH (*American Conference of Governmental Industrial Hygienists*), é atualizada anualmente. Os valores apresentados são definidos por consenso por um grupo de especialistas que analisam todas as pesquisas disponíveis sobre a substância ou agente físico. A ACGIH afirma que os valores numéricos devem ser considerados como recomendações do que seja um limite seguro de exposição. Qualquer pessoa estudando higiene do trabalho deveria ter um exemplar deste livreto, para o qual existe tradução em português feita pela ABHO (Associação Brasileira de Higienistas Ocupacionais).

As recomendações apresentadas se baseiam no conceito de TLV (*threshold limit value*) para cada agente químico ou físico. A sigla em português, existente na NR 15, é LT – limite de tolerância. Portanto quando utilizarmos a sigla TLV, estamos nos referindo aos valores da ACGIH; já quando usamos a sigla LT, estamos nos referindo a valores da NR 15. Ao falarmos de modo genérico, utilizaremos a terminologia LEO (Limite de Exposição Ocupacional).

Apesar de TLVs e LTs serem semelhantes, eles são diferentes quanto a alguns fatores, como duração da jornada de trabalho semanal, frequência de atualização, etc. Os TLVs são atualizados anualmente, enquanto os LTs permanecem fixos desde 1978.

Um agente químico é um composto químico sólido aerodisperso, um líquido ou um gás, enquanto exemplos de agentes físicos são calor, frio, ruído, vibrações e radiações. Com base na experiência e em experimentos, são calculados níveis de concentração que servem de referência para o estabelecimento do limite de exposição ocupacional.

Os conceitos associados aos LEOs serão introduzidos através dos agentes químicos em geral e, posteriormente em cada capítulo, serão detalhados os LEOs para cada agente físico ou químico em particular.

Limites de tolerância segundo a ACGIH

Os valores limites TLVs (*threshold limit values*) para os agentes químicos se referem à concentração de substâncias dispersas no ar, representando condições sob as quais se acredita que quase todos os trabalhadores podem repetidamente ser expostos, dia após dia, sem que apresentem efeitos adversos.

Existem dois tipos de TLVs especificados pela ACGIH:

♦ TLV – TWA = limite média ponderada no tempo (*time weighted average*)
♦ TLV – C = limite nunca ultrapassável (*ceiling*).

Como os valores TLV – TWA são valores médios, podem ser superados sob certas condições, tendo associados os valores STEL ou os limites de digressão (*excursion limits*). Assim, os valores STEL e de digressão estão associados a um valor TLV – TWA, mas de modo exclusivo, aplicando-se ou um STEL ou os limites de digressão.

TLV – TWA

A sigla TLV® é uma marca registrada da ACGIH, assim, só ela pode utilizar. O TLV – TWA (*threshold limit value – time weighted average*) define um valor para turnos diários de 8 horas, ou 40 horas semanais, ao qual a maioria dos trabalhadores podem ser expostos durante toda a sua vida útil sem que ocorram efeitos adversos.

Alguns períodos de exposição acima do TLV – TWA são permitidos, desde que sejam compensados por períodos de exposição abaixo do limite, de modo que na média a concentração medida esteja abaixo do TLV – TWA. O quanto é permitido estar acima do TLV – TWA varia para cada substância, sendo listados os fatores aplicáveis a cada caso.

As restrições a quanto acima do TLV – TWA se pode ir na jornada de trabalho de 8 horas podem provir, ou da existência de um valor TLV – STEL associado ao TLV – TWA, ou, na ausência deste, utilizando-se os limites de digressão (obtidos por três vezes e cinco vezes o valor do TLV – TWA).

TLV – STEL

A sigla da ACGIH TLV-STEL (*threshold limit value – short term exposure limit*) representa a concentração às quais trabalhadores podem ser expostos continuamente por breves períodos sem sofrer os seguintes efeitos:
- irritação;
- dano crônico ou irreversível de tecidos;
- narcose em grau suficiente para afetar o trabalho em termos de eficiência ou segurança.

Ele não é um limite independente, mas complementa o limite média ponderada (TLV – TWA) quando existem reconhecidos danos de uma substância cujos efeitos tóxicos são primariamente de natureza crônica. Os TLV – STEL são recomendados apenas quando efeitos tóxicos foram relatados com relação a altas exposições de curta duração de pessoas ou animais.

As regras básicas associadas a uma exposição acima do TLV – TWA e até o TLV – STEL são:
- Uma exposição acima do TLV – TWA e até o TLV – STEL não deve exceder 15 minutos de duração.
- Deve decorrer pelo menos 1 hora entre o TLV – TWA e o TLV – STEL.

- Não se pode ter mais de quatro exposições entre o TLV – TWA e o TLV – STEL por turno de 8 horas.
- A exposição nunca pode superar o TLV – STEL.

Além das regras relativa a concentrações entre o TLV – TWA e o TLV – STEL, também se deve atentar sempre para que a concentração média esteja abaixo do valor do TLV – TWA.

A ideia, portanto, do valor STEL é a de limitar superiormente as concentrações no local de trabalho que estejam acima do TLV – TWA, como ilustra a Figura 1.11.

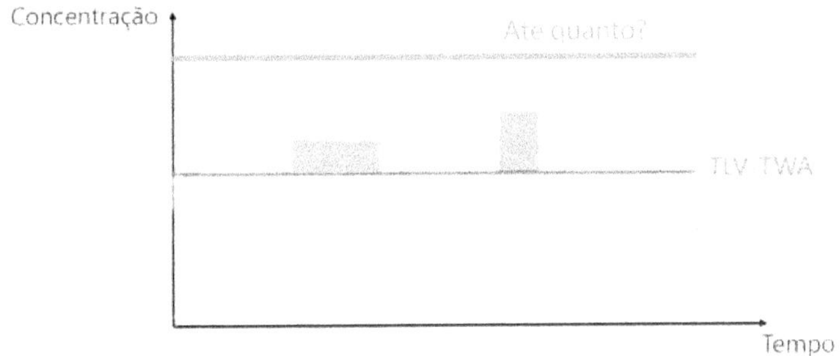

Figura 1.11 Limitação superior da concentração acima do TLV – TWA.

A Figura 1.12 ilustra o caso em que o valor STEL não foi ultrapassado, mas claramente duas violações da definição do TLV – TWA ocorreram:
- A concentração média no turno estará acima do valor TLV – TWA.
- Na faixa entre o TLV – TWA e o TLV – STEL ficou-se bem mais que os 15 minutos permitidos.

Figura 1.12 Violação de algumas regras quanto ao TLV – TWA com valor STEL.

A Figura 1.13 ilustra a variação da concentração num turno de 8 horas, para uma substância que tem um dado TLV – TWA e um associado TLV – STEL. Aparentemente, nesse turno não se violaram as regras desse limite, pois:

1. a concentração média parece estar abaixo do TWA;
2. não se excedeu o STEL em nenhum momento;
3. adentrou-se a faixa entre TWA e STEL apenas duas vezes, dentro do limite de quatro vezes;
4. a cada entrada a duração foi inferior a 15 minutos;
5. o espaçamento entre as entradas é superior a 1 hora.

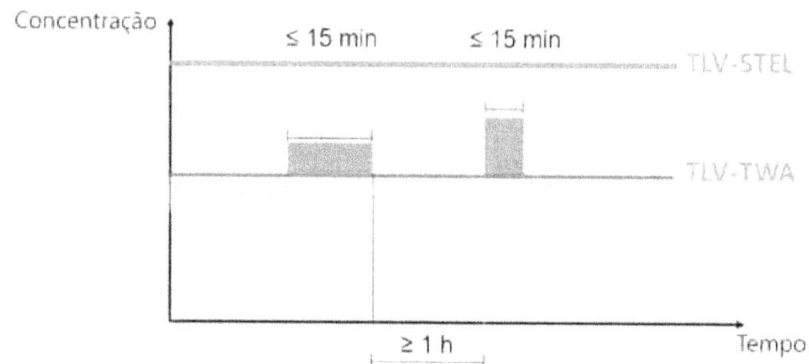

Figura 1.13 Variação da concentração num turno de 8 horas, para uma substância que tem um dado TLV – TWA e um associado TLV – STEL.

TLV – C

A sigla da ACGIH é TLV – C (*threshold limit value-ceiling*) e representa a concentração que não deve ser nunca excedida, mesmo instantaneamente, durante o turno de trabalho. A prática usual na higiene do trabalho, se não for factível o monitoramento instantâneo, é a avaliação deste limite via uma amostragem por 15 minutos, exceto para substâncias que possam causar irritação imediata com uma breve exposição.

Para algumas substâncias, como gases irritantes, apenas uma categoria de limite de exposição ocupacional pode ser relevante, como o TLV – C. Para outras substâncias, dois limites podem ser aplicáveis e relevantes em função das ações fisiológicas. É importante frisar que, se um dos limites aplicáveis for excedido, assume-se que existirá um potencial perigo decorrente da substância em questão.

A comissão responsável pelos agentes químicos é da opinião de que os TLVs baseados em irritação física não devem ser considerados menos restritivos do que aqueles baseados em desabilitação física. Isto porque existe crescente corpo de evidências de que a irritação física pode iniciar; promover ou acelerar danos físicos através da interação com outros agentes químicos ou biológicos.

Distinção entre limite média ponderada (TLV – TWA) e limite nunca superável (TLV – C)

Os valores da média ponderada permitem a superação do limite, desde que esta seja compensada por adequada exposição abaixo do limite durante o turno de 8 horas de trabalho. Em alguns casos específicos, pode ser possível calcular a concentração média numa semana (40 horas) em vez de num dia. A relação entre o TLV – TWA e as suas permissíveis superações decorre de regras empíricas que em certos casos podem não ser aplicáveis.

O quanto um limite de exposição ocupacional pode ser superado num breve período de tempo, sem causar danos à saúde, depende de vários fatores:

- da natureza do contaminante;
- se concentrações muito altas, mesmo em curto tempo, causam envenenamento agudo;
- se os efeitos são cumulativos;
- a frequência com que as altas concentrações ocorrem;
- a duração da superação.

Todos esses fatores devem ser levados em consideração quando se define se uma condição perigosa existe, e deve-se admitir superação do limite de tolerância. A concentração média ponderada se apresenta como o meio mais prático e satisfatório de se monitorarem contaminantes do ar quanto aos limites de exposição. Apesar disto, existem certas substâncias para as quais ela não é adequada. São substâncias que têm ação rápida e cujos limites de exposição são mais apropriadamente definidos em função desse tipo de resposta. Essas substâncias são mais bem controladas por um limite nunca superável, um valor que não deve ser nunca excedido.

Está implícito nessas definições que os modos de amostragem para se verificar compatibilidade com as normas são diferentes em cada caso. Uma única e breve amostragem, aplicável ao TLV – C, não é adequada para o TLV – TWA. Para este último, faz-se necessário certo número de amostras que permitam o cálculo da média relativa a um ciclo de serviço ou a um turno.

Enquanto o limite TLV – C caracteriza um limite definitivo, o qual a concentração da substância não deve superar nunca, a média ponderada requer um valor superior associado, que define uma faixa acima do limite que pode ser penetrada sob certas condições.

Limites superáveis condicionalmente (limites de digressão)

Os limites superáveis condicionalmente, também denominados de limites de digressão, são chamados de *excursion limits* pela ACGIH. Eles existem para a maioria das substâncias para as quais há limites de exposição média ponderada. As superações do limite devem ser controladas no turno de 8 horas, mesmo que o TLV – TWA esteja sendo respeitado.

Os limites de superação condicional, aplicáveis aos TLV – TWA que não possuem STEL devem ser determinados de acordo com as seguintes recomendações:

♦ Pode ocorrer exposição superior a três vezes o valor numérico do TLV – TWA, mas esta segue as regras da faixa STEL. Ou seja, não mais que 15 minutos, por até quatro vezes, espaçadas de pelo menos 1 hora.

♦ Sob nenhuma hipótese deve-se superar o valor de cinco vezes o TLV – TWA.

♦ A concentração média deve sempre respeitar o TLV – TWA.

♦ Quando um STEL estiver definido, este valor tem precedência sobre os limites de digressão (três vezes, cinco vezes), seja ele mais ou menos restritivo.

Normas canadenses

Na província de Ontário, Canadá, a legislação indica que a publicação da ACGIH deve ser usada como guia quando não existirem normas disponíveis sobre saúde e higiene ocupacional. Todavia, o governo de Ontário conta com uma série de publicações que indicam as máximas concentrações permissíveis para vários agentes químicos presentes nos locais de trabalho. Estes valores devem ser seguidos e têm precedência sobre qualquer outro valor limite.

A principal publicação, semelhante ao livreto da ACGIH, é denominada de *Regulations respecting control of exposure to biological or chemical agents – made under the Occupational and Safety Act*. É uma publicação semelhante à da ACGIH com seus LEOs, mas não inclui agentes físicos. Comparando-se as duas publicações percebe-se que existem diferenças de terminologia, pois Ontário introduz o termo *valor de exposição (exposure value* – EV), de modo a se distinguirem os valores canadenses dos americanos. A Tabela 1.24 compara a nomenclatura da ACGIH com a da província de Ontário.

Tabela 1.24 Comparação de nomenclaturas quanto a limites de tolerância.

Sigla na ACGIH	Sigla em Ontário	Definição canadense
TLC-TWA	TWAEV	Valor da exposição média temporal ponderada: a concentração diária média, de um agente químico ou biológico aerodisperso, existente no local de trabalho.
TLV-STEL	STEV	Valor de exposição curto tempo: a máxima concentração, de um agente biológico ou químico aerodisperso, à qual um trabalhador pode ser exposto durante 15 minutos
TLC-C	CEV	Valor de exposição teto: a máxima concentração, de um agente químico ou biológico aerodisperso, à qual um trabalhador pode ser exposto em qualquer tempo.

Além da publicação acima citada, a província de Ontário publica textos específicos sobre mais de uma dezena de diferentes substâncias encontradas na indústria. Essas substâncias devem ser rigorosamente controladas, pois são alvo de intensa preocupação. Como elas foram designadas como requerendo especial atenção, são denominadas de substâncias designadas (*designated substances*). Um exemplo de substância designada que tem sua própria publicação é o asbesto.

Normas brasileiras

A terminologia oficial no Brasil é "Limite de Tolerância – LT", pois os valores decorrem de evidências e hipóteses de que se têm concentrações limites que o corpo tolera sem que ocorram danos à saúde.

A Portaria 3214, de 8/06/78, aprovou as Normas Regulamentadoras (NRs) associadas ao Capítulo V, Título II, da Consolidação das Leis do Trabalho, e relativas à Segurança e Medicina do Trabalho. Foram aprovadas 29 NRs, sendo a NR 15 relativa a "Atividades e Operações Insalubres". Cada um dos 14 anexos da NR 15 é específico para um agente físico, químico ou biológico, como relacionado a seguir:

- Anexo 1 – LT para ruído contínuo ou intermitente;
- Anexo 2 – LT para ruído de impacto;
- Anexo 3 – LT para exposição ao calor;
- Anexo 5 – LT para radiações ionizantes;
- Anexo 6 – trabalho em condições hiperbáricas;
- Anexo 7 – radiações não ionizantes;
- Anexo 8 – vibrações (do corpo humano);
- Anexo 9 – frio;
- Anexo 10 – umidade;
- Anexo 11 – agentes químicos cuja insalubridade é caracterizada por LT;
- Anexo 12 – LT para poeiras minerais;
- Anexo 13 – agentes químicos (exceto os constantes dos anexos 11 e 12);
- Anexo 14 – agentes biológicos.

Na NR 15 destacamos os seguintes subitens:

- *15.1 – São consideradas atividades ou operações insalubres as que se desenvolvem:*
- *15.1.1. – acima dos LT previstos nos anexos 1, 2 3, 5, 11 e 12.*
- *15.1.3. – nas atividades mencionadas nos anexos 6, 13 e 14.*
- *15.1.4 – ou comprovadas através de laudo de inspeção do local de trabalho, constantes dos anexos 7, 8, 9 e 10.*
- *15.1.5 – Entende-se por Limite de Tolerância, para fins da norma NR 15, a concentração ou intensidade máxima ou mínima, relacionada com a natureza e o tempo de exposição ao agente, que não causará dano à saúde do trabalhador durante sua vida laboral.*

♦ *Agentes químicos, como gases, líquidos e poeiras, têm um tipo de LT, com características que são diferentes, por exemplo, dos limites para ruído, calor ou radiação ionizante. Neste capítulo apresentaremos os conceitos básicos de limite de tolerância para agentes químicos; já nos capítulos relativos a ruído, calor ou radiação ionizante serão detalhados os correspondentes limites.*

Como na ACGIH, também no Brasil temos dois tipos de limite de tolerância para agentes químicos. Esses limites são válidos para jornadas de trabalho de 48 horas semanais, para absorção por via respiratória e na presença de oxigênio com teor de no mínimo 18%. Os dois limites legais no Brasil são o limite de tolerância valor teto (LTvt) e o limite de tolerância média aritmética ponderada (LTmap).

Limite de tolerância valor teto – LTvt

É um valor que não pode ser ultrapassado em momento algum da jornada de trabalho, existindo apenas para alguns agentes químicos. Em outras palavras, o LTvt será considerado excedido se a qualquer instante a concentração do agente químico for superior a ele:

$$Cj > LTvt \text{ (a qualquer instante)}$$

em que:
Cj = concentração do agente químico no local de trabalho, num instante qualquer j.

Limite de tolerância média aritmética ponderada – LTmap

Neste caso, a média aritmética das medidas de concentração do agente químico não pode ser superior ao valor do LTmap. A determinação da concentração média do agente químico, feita por meio de amostragem instantânea ou não, deverá conter pelo menos dez amostragens para cada ponto ao nível respiratório do trabalhador. Entre cada amostragem deve haver um intervalo de pelo menos 20 minutos. Deste modo, o LTmap será considerado excedido quando a média aritmética das medidas for superior ao seu valor numérico, ou seja:

$$\bar{C} = \sum_{n=1}^{n \geq 10} \left(\frac{C_J}{n} \right) > LTmap$$

$$\bar{C} = \sum_{n=1}^{n \geq 10} \left(\frac{C_J}{n} \right) > LTmap$$

em que:
C = concentração média aritmética das concentrações medidas C_j.

A aplicação do LTmap requer que se imponham, adicionalmente, certos limites aos valores individuais medidos (C_j), de modo que, mesmo sendo a concentração média não superior ao LTmap, também não se tenha um valor individual acima de um dado valor máximo (Vmax).

Este valor máximo é função do valor numérico do LTmap, sendo obtido através do chamado fator de desvio (FD), conforme a expressão:

$$Vmax = LTmap \times FD$$

Os valores de FD e LTmap são resumidos nas Tabelas 1.25 e 1.26.

Para que seja possível analisar se as condições de trabalho com uma substância estão de acordo com o limite de tolerância LT, devemos ter em mente o seguinte roteiro:

- Existe LT na legislação brasileira?
- Se existir, tem-se LTmap ou tem-se LTvt?
- Se existir LTvt, ele nunca poderá ser ultrapassado.
- Se existir LTmap, procurar o FD e calcular Vmax. Então analisar tanto para valor máximo como para média aritmética ponderada.
- Se não existir LT na legislação brasileira, pelas NR 09 e NR 22, recomenda-se utilizar os valores da ACGIH, que são anualmente revistos. A NR 15 tem valores antigos e não revistos anualmente. Mesmo que haja valores de LT, a boa prática prevencionista sugere utilizar o valor mais restritivo.

Os conceitos associados a LTmap e LTvt podem ser visualizados graficamente, como mostrado nas Figuras 1.14 e 1.15.

Tabela 1.25 Valores do fator de desvio FD em função do valor do LTmap. *Fonte:* Quadro 2 do Anexo 11, NR 15.

LTmap (ppm ou mg/m³)	FD
0 a 1	3
1 a 10	2
10 a 100	1,5
100 a 1000	1,25
Acima de 1000	1,1

Tabela 1.26 Limites de tolerância média aritmética ponderada (LTmap) para alguns agentes químicos. Quando existe LTvt, indicado na segunda coluna por sinal de "+", este é o LT aplicável. *Fonte:* Quadro 1, Anexo 11, NR 15.

Agentes químicos	LTvt	Absorção pela pele também	LTmap (para até 48 horas semanais) ppm	mg/m³	Grau de insalubridade
Acetaldeído			78	140	máximo
Acetato de cellosolve		Sim	78	420	médio
Acetileno			asfixiante simples		
Acetona			780	1870	mínimo
Ácido acético			8	20	médio
Ácido cianídrico		Sim	8	9	máximo
Ácido clorídrico	+		4	5,5	máximo
Álcool n-butílico	+	Sim	40	115	máximo
Amônia			20	14	médio
Anilina		Sim	4	15	máximo
Bromo			0,08	0,6	máximo
Chumbo				0,1	máximo
Cloreto de vinila	+		156	398	máximo
Dióxido de carbono			3900	7020	mínimo
Dióxido de enxofre			4	10	máximo
Dióxido de nitrogênio	+		4	7	máximo
Estireno			78	328	médio
Fenol		Sim	4	15	máximo
gás sulfídrico			8	12	máximo
Metano			asfixiante simples		
Monóxido de carbono			39	43	máximo
Óxido de etileno			39	70	máximo
Óxido nítrico (NO)			20	23	máximo
Óxido nitroso (N₂O)			asfixiante simples		
Tolueno (toluol)		Sim	78	290	médio

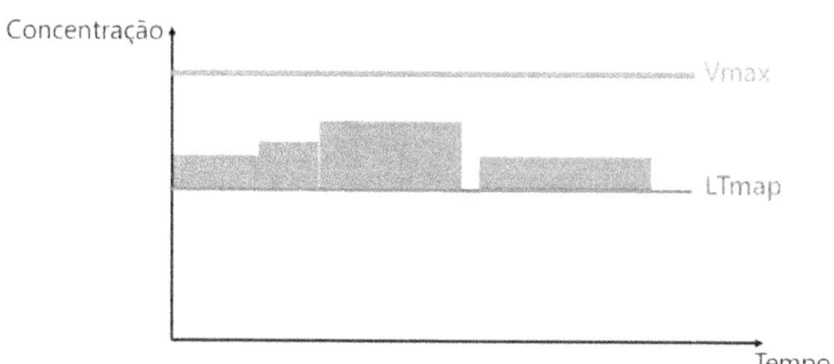

Figura 1.14 Concentração média superou o LTmap.

Na Figura 1.14 os valores medidos devem fornecer uma média inferior a este limite (LTmap), mas como podemos observar na figura, apesar da concentração ser sempre inferior a Vmax, fica claro que a média das concentrações no tempo é superior ao valor do LTmap. Portanto, o LT teria sido excedido.

Figura 1.15   Indicação do LT excedido.

No caso da Figura 1.15, o LT foi excedido, pois, apesar de a concentração média ser inferior ao valor do LTmap, num dado momento a concentração superou o valor máximo permitido (Vmax).

4. Case para discussão

Bisfenol

Uma funcionária de um banco americano entrou na justiça alegando doença ocupacional devido ao contato permanente com bisfenol.

Usualmente, o bisfenol é uma substância química empregada na produção de plásticos em geral. É utilizado em papéis térmicos (como os usados em máquinas de cartão de crédito ou de emissão de nota fiscal, tíquetes de cinema, etc.), CDs, DVDs e discos de vinil, tubulações e caixas d'água, tintas e resinas epóxi, computadores, telhas de policarbonato e eletrodomésticos, tais como panelas de vapor de plástico, liquidificador, etc.

A Figura 1.16 traz o artigo da revista *Nature*.

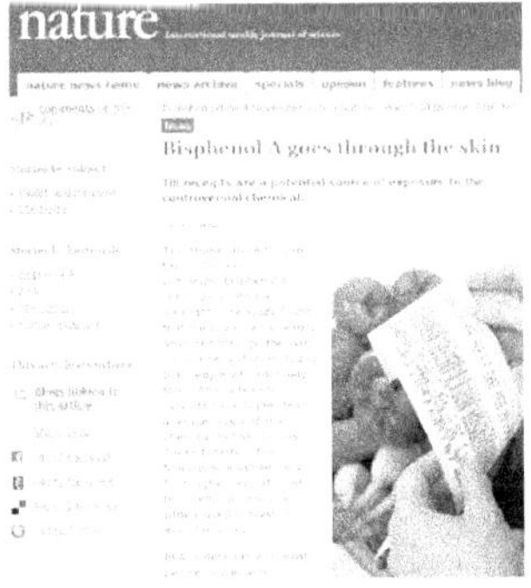

Figura 1.16   Artigo da revista *Nature*. Fonte: *Nature* (2019).

Ação do bisfenol no corpo humano:
♦ atua na tireoide;
♦ causa câncer de mama;
♦ crescimento da próstata.

A substância permanece em estudo, ainda sem dados de limites aceitáveis.

5. Quantificação de agentes

Neste tópico, abordamos os agentes encontrados rotineiramente na maioria dos locais de trabalho, visando fornecer a você, leitor, informações sobre a quantificação de agentes.

5.1 Ruído

A quantificação do ruído é elaborada a partir do uso de dois equipamentos:
♦ Medidor de nível de pressão sonora (conhecido popularmente como decibelímetro).
♦ Dosímetro de ruído.

A Figura 1.17 ilustra um medidor de pressão sonora e um dosímetro de ruído.

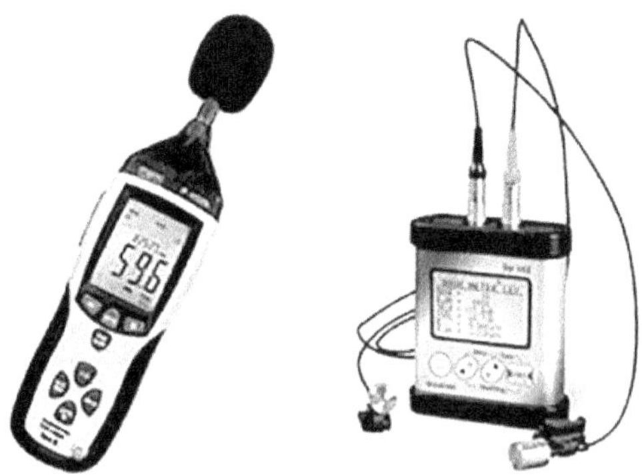

Figura 1.17 Medidor de nível de pressão sonora (NPS) e dosímetro de ruído.

Apresentados os equipamentos, surgem algumas questões:
♦ Por quais motivos devemos quantificar o ruído?
♦ Qual parâmetro devemos utilizar?
♦ Quando utilizar o medidor de pressão sonora ou o dosímetro?

A quantificação do ruído é importante, pois a partir dela é possível identificar ambientes com níveis de ruído acima dos limites de exposição ocupacional e com possibilidade de provocar perda auditiva induzida por ruído ocupacional, (PAIRO) e, assim, gerar ações preventivas, respeitando a hierarquia de controle.

Para fins de informação, sempre se recorre ao Anexo I da NR 15, que aborda o risco físico *ruído*.

A Tabela 1.27 traz os limites de tolerância para ruído estipulados pela NR 15.

Tabela 1.27 Limites de tolerância para ruído. As atividades ou operações que exponham os trabalhadores a níveis de ruído, contínuo ou intermitente, superiores a 115 dB (A), sem proteção adequada, representarão risco grave e iminente. *Fonte:* Anexo I da NR 15.

Nível de ruído dB (A)	Máxima exposição diária permissível
85	8 horas
86	7 horas
87	6 horas
88	5 horas
89	4 horas e 30 minutos
90	4 horas
91	3 horas e 30 minutos
92	3 horas
93	2 horas e 40 minutos
94	2 horas e 15 minutos
95	2 horas
96	1 hora e 45 minutos
98	1 hora e 15 minutos
100	1 hora
102	45 minutos
104	35 minutos
105	30 minutos
106	25 minutos
108	20 minutos
110	15 minutos
112	10 minutos
114	08 minutos
115 *	07 minutos

Note que o primeiro valor da tabela é 85 dB (A). Identificamos esse valor utilizando o medidor de nível de pressão sonora. Para valores até 85 dB (A), considerando uma jornada de 8 horas diárias, não é necessária ação alguma.

Caso o medidor de nível de pressão sonora indique um valor mais alto, torna-se necessário calcular a dose de ruído ao qual o trabalhador é exposto. A fórmula a seguir mostra o cálculo da dose. Qualquer valor superior a 1 representa uma condição insalubre.

$$\frac{C_1}{T_1} + \frac{C_2}{T_2} + \frac{C_3}{T_3} \underline{\hspace{6cm}} + \frac{Cn}{Tn}$$

Na equação acima, Cn indica o tempo total que o trabalhador fica exposto a um nível de ruído específico, e Tn indica a máxima exposição diária permissível a esse nível.

Este cálculo é feito automaticamente, e em tempo real, muitas vezes pelo dosímetro.

Para fins de aprofundamento, recomenda-se a NHO 01 da Fundacentro, que aborda o procedimento técnico de medição e avaliação da exposição ocupacional ao ruído.

5.2 Iluminação

A NHO 11 (Norma de Higiene Ocupacional) da Fundacentro vem estabelecer critérios e procedimentos para avaliação dos níveis de iluminamento em ambientes internos e indicar os principais parâmetros que interferem nos aspectos quantitativos e qualitativos relacionados à iluminação interna dos ambientes de trabalho. Segundo essa norma, é essencial dar igual atenção à quantidade e à qualidade da iluminação, e ela enfatiza que, embora seja necessária a provisão de iluminância suficiente em uma tarefa, a visibilidade, em muitos casos, depende da forma pela qual a luz é fornecida, das características de cor da fonte de luz e da superfície, em conjunto com o nível de ofuscamento do sistema.

Os principais parâmetros que contribuem para o ambiente luminoso são: a distribuição da luminância, a iluminância, o índice geral de reprodução de cor, a direcionalidade da luz, os aspectos de cor da luz e superfícies, a cintilação, a luz natural e a manutenção do sistema de iluminação. A norma apresenta, para diferentes tipos de ambiente, tarefa ou atividade, tabelas com valores recomendados para os parâmetros quantificáveis de iluminância e reprodução de cor.

O critério adotado nessa norma para avaliação do nível de iluminamento é a medição ponto a ponto nas diferentes tarefas e a comparação com os valores mínimos exigidos correspondentes ao valor da iluminância mínima E (lux) para as tarefas apresentadas na Tabela 1.28 (que se refere a uma parte do Quadro 1 da norma). A norma também esclarece que há uma tolerância de 10% abaixo desses valores.

Tabela 1.28 Níveis mínimos de iluminamento E (lux) em função do tipo de ambiente, tarefa ou atividade. *Fonte:* CUNHA, I. A. *et al.*, 2018 (NHO 11 – Quadro I).

Tipo de ambiente, tarefa ou atividade	E (lux)	IRC/Ra*	Observações
1. Áreas gerais da edificação			
Saguão de entrada	100	60	
Sala de espera	200	80	
Área de circulação e corredor	100	40	Nas entradas e saídas, estabelecer uma zona de transição para evitar mudanças
Escada, escada rolante e esteira rolante	150	40	
Rampa de carregamento	150	40	
Refeitório e cantina	200	80	
Sala de descanso	100	80	
Sala para exercícios físicos	300	80	
Vestiário, banheiro e toalete	200	80	
Enfermaria	500	80	
Sala para atendimento médico	500	90	Tcp mínimo de 4000 K

O equipamento utilizado para as avaliações de iluminância é um luxímetro. Um exemplo desse tipo de equipamento pode ser observado na Figura 1.18.

A iluminância média de um ambiente de trabalho deve ser obtida da seguinte maneira:

- Com relação aos instrumentos de medição, estes devem possuir unidade de medição em lux, especificação técnica emitida pelo fabricante e possibilidade de realizar medição conforme lâmpada utilizada (LED, fluorescente e outros). O instrumento deve ser periodicamente calibrado e certificados pelo Inmetro, com periodicidade definida pelo fabricante.
- Medições realizadas a 0,75 m do piso em um plano horizontal.
- Seu cálculo deve respeitar os layouts apresentados na NHO 11 (Anexo I da norma).

Figura 1.18 Exemplo de luxímetro.

Após calculada a iluminância, deve-se atentar para o fato de que todos os pontos da área de tarefa não devem ser inferiores a 70% da iluminância média. Caso uma tarefa específica não seja contemplada no Quadro 1 da norma (Tabela 1.28), o valor de iluminância mínimo exigido deverá ser obtido por associação com tarefa similar.

Em qualquer local onde ocorra tarefa contínua, a iluminância não pode ser inferior a 200 lux. A norma pode estabelecer valores inferiores a 200, como no exemplo "área de circulação e corredor", com valor de iluminância mínimo de 100 lux, porque essa área não acomoda tarefa contínua naturalmente. Se houver, o valor deve ser aumentado para 200 lux no mínimo, que é o valor de iluminância média.

Há situações em que é necessária iluminação suplementar. Neste caso, deve ser verificada a iluminância nas áreas do entorno imediato, e a iluminância média deve ter, no mínimo, os valores da Tabela 1.29.

Tabela 1.29 Valores recomendados de iluminância mantida nas áreas do entorno imediato. *Fonte:* Fundacentro, NHO 11 (2018).

Iluminância da tarefa (lux)	Iluminância do entorno imediato (lux)
≥ 750	500
500	300
300	200
≤ 200	Mesma iluminância da área de tarefa

Após serem obtidos os valores de iluminância média, o responsável pela medição deve comparar seus valores diretamente com o Quadro I da norma (Tabela 1.28). Antes de realizar essa comparação, ele deve avaliar se:
- ◆ o trabalho visual é crítico;
- ◆ a capacidade visual dos trabalhadores está abaixo do normal;
- ◆ a tarefa apresenta contrastes excepcionalmente baixos.

Se algum desses requisitos for encontrado, o nível de iluminância mínimo deve ser aumentado em um nível, de acordo com a escala:

20 - 30 - 50 - 75 - 100 - 150 - 200 - 300 - 500 - 750 -
1000 - 1500 - 2000 - 3000 - 5000 lux

Tomemos como exemplo uma rampa de carregamento, em que o nível de iluminância mínimo é de 150 (Tabela 1.28 ou Quadro I da norma). Se algum dos três requisitos acima for encontrado, o nível de iluminância mínimo deve ser aumentado em um nível de iluminância para o próximo valor, ou seja, 200 lux.

A iluminância da área de tarefa poderá ser reduzida quando:
- ◆ os detalhes são de um tamanho extraordinariamente grande ou de alto contraste;
- ◆ a tarefa é realizada por um tempo excepcionalmente curto.

Limites de tolerância

A legislação brasileira (Portaria 3214, NR 17) dispõe sobre condições ambientais de trabalho no item 17.5.3, do qual seguem trechos importantes quanto a aspectos de iluminação de locais de trabalho:
- ◆ *17.5.3 – Em todos os locais de trabalho deve haver iluminação adequada, natural ou artificial, geral ou suplementar, apropriada à natureza da atividade.*
- ◆ *17.5.3.1 – A iluminação geral deve ser uniformemente distribuída e difusa.*
- ◆ *17.5.3.2 – A iluminação geral ou suplementar deve ser projetada e instalada de forma a evitar ofuscamento, reflexos incômodos, sombras e contrastes excessivos.*
- ◆ *17.5.3.3 – Os métodos de medição e os níveis mínimos de iluminamento a serem observados nos locais de trabalho são os estabelecidos na Norma de Higiene Ocupacional nº 11 (NHO 11) da Fundacentro – Avaliação dos Níveis de Iluminamento em Ambientes de Trabalho Internos.*
- ◆ *17.5.3.4 – A medição dos níveis de iluminamento previstos no subitem 17.5.3.3 deve ser feita no campo de trabalho onde se realiza a tarefa visual, utilizando-se de luxímetro com fotocélula corrigida para a sensibilidade do olho humano e em função do ângulo de incidência.*

♦ *17.5.3.5 – Quando não puder ser definido o campo de trabalho previsto no subitem 17.5.3.4, este será um plano horizontal a 0,75 m do piso.*

5.3 Agentes químicos

A maioria das empresas não quantifica seus riscos e, com isso, perde a oportunidade de atender à legislação, minimizar os impactos na saúde do trabalhador, bem como ganhar ações trabalhistas no tocante à insalubridade. A quantificação possibilita à empresa tomar ações que visam à neutralização dos efeitos dos agentes químicos.

E como saber quais agentes químicos são encontrados na empresa onde você, leitor, trabalha? Como identificar os limites de tolerância e se está sendo usado o EPI correto?

O primeiro passo é a correta interpretação da FISPQ (Ficha de Informação de Segurança do Produto Químico), pois ela será a base para confrontar se seus princípios ou componentes ativos possuem limite de tolerância, explicitados na NR 15 ou na ACGIH (*Association Advancing Occupational and Environmental Health)*, traduzida para o português pela ABHO (Associação Brasileira de Higienistas Ocupacionais).

Portanto, a empresa deve fazer um levantamento de seus produtos químicos, solicitar a FISPQ de cada um deles ao fabricante/fornecedor e fazer uma interpretação técnica para definir quais deverão ser quantificados. Diversas nomenclaturas têm sido propostas para o padrão de exposição ocupacional a agentes químicos com o objetivo de nomeá-los e refletir o seu real significado. Algumas das siglas são estas:

♦ LT – Limites de Tolerância, ou valores Limites de Tolerância
♦ LEO – Limites de Exposição Ocupacional
♦ TLV – *Threshold Limit Values* (Valores Limite Limiares)
♦ EL – *Exposure Limits* (Limites de Exposição)
♦ AEL – *Acceptable Exposure Levels* (Níveis Aceitáveis de Exposição)
♦ MAC ou MAK – *Maximum Allowable Concentration* (Concentrações Máximas Aceitáveis)
♦ OEL – *Occupational Exposure Levels* (Níveis de Exposição Ocupacional)
♦ PEL – *Permissible Exposure Levels* (Níveis de Exposição Permitidos)
♦ VRT – Valor de Referência Tecnológico
♦ WEELG – *Workplace Environmental Exposure Guide* (Guia de Níveis de Exposição Ambiental em Locais de Trabalho)

Limites de Tolerância

É um termo muito difundido e utilizado no Brasil, principalmente por constar em nossa legislação, a NR 15 (Portaria 3214/78). Apesar disso, não reflete exatamente a finalidade do limite, já que se refere à tolerância, podendo-se inclusive interpretar que a tolerância do trabalhador exposto é que deve ser limitada e não a exposição, ou, ainda, o quanto pode ser tolerado, dando a entender que pode haver algum efeito sobre a saúde do trabalhador.

Níveis Aceitáveis de Exposição

As denominações Níveis Aceitáveis de Exposição, ou Níveis de Exposição Ocupacional, são mais adequadas, pois se referem à exposição e a à denominação Limites de Exposição. Foi proposta pela Organização Internacional do Trabalho em 1977, numa tentativa de uniformizar a nomenclatura, sendo esta aceita e utilizada na Convenção 148, na Recomendação 156 e em diversas outras publicações.

Limites de Exposição Ocupacional

Seguimos esta diretriz, porém, conforme diversos outros autores, utilizamos Limites de Exposição Ocupacional (LEOs), com o adjetivo *ocupacional*, para diferenciar a exposição ocupacional da ambiental, esta última entendida como a originada do ambiente geral, externo, e não apenas do local de trabalho.

Níveis de Exposição Permitidos

A denominação Níveis de Exposição Permitidos é mais adequada aos órgãos fiscalizadores do governo, que consideram os aspectos legais envolvidos, sendo o mais conhecido o PEL (*Permissible Exposure Level*) da OSHA (*Occupational Safety and Health Administration*), órgão fiscalizador do Ministério do Trabalho nos EUA.

Concentrações Máximas Aceitáveis

A denominação Concentrações Máximas Aceitáveis reflete um conteúdo diferente daquele normalmente utilizado no Brasil, pois refere-se ao máximo valor que qualquer exposição, em algum momento, pode apresentar, não sendo permitida ultrapassagem e nao se calculando as médias.

Níveis de Exposição Recomendados

O NIOSH (*National Institute for Occupational Safety and Health*) utiliza a denominação REL (*Recommended Exposure Level*), principalmente pelo fato de realmente ser uma recomendação, mas o REL não tem força de lei nos Estados Unidos, como o PEL da OSHA tem.

Guia de Níveis de Exposição Ambiental em Locais de Trabalho

A AIHA (*American Industrial Hygiene Association*) utiliza a denominação WEELG (*Workplace Environmental Exposure Levels Guides*) numa coletânea de sugestões de limites para substâncias que usualmente não constam de outras listas ainda.

Valores Limites Limiares

A nomenclatura Valores Limites Limiares (*Threshold Limit Values* – TLV) é utilizada pela ACGIH (*American Conference of Governmental Industrial Hygienists*) e é a mais difundida, sendo seguida por autores, pesquisadores, higienistas e, inclusive, em legislação de diversos países.

Valor de Referência Tecnológico

É utilizado em casos especiais em que idealmente se deseja um limite zero, sendo que na prática devemos aceitar alguma exposição, por ser tecnologicamente impossível reduzir mais a exposição. Assim, por limitação tecnológica, adota-se um valor de referência que deverá ser reduzido sempre que for tecnologicamente possível realizar determinadas operações industriais com menos exposição. No Brasil, temos VRT para o benzeno, que tem seu uso permitido apenas em um número pequeno de indústrias que não podem prescindir da presença desta substância, conforme estabelecido na NR 15, Anexo 13-A.

Dependendo da fonte consultada, essas diferentes denominações e conceitos podem apresentar valores discrepantes. Na Tabela 1.30 estão alguns exemplos dessas diferenças entre algumas substâncias.

Tabela 1.30 – Limites de exposição ocupacional para algumas substâncias, oriundos de diferentes fontes.

Substância	ACGIH	OSHA	NR 15	Unidade
Cobre (fumos)	0,2	0,1	---	mg/m^3
Cobre (poeiras)	1	1	---	mg/m^3
Manganês (fumos)	0,02 R 0,1 In	5 C	1	mg/m^3
Ferro (óxido, Fe_2O_5)	5 R	10	---	mg/m^3
Chumbo	0,05	0,05	0,1	mg/m^3
Níquel (comp.solúveis)	0,1 In	1	---	mg/m^3
Benzeno	0,5	1	1#	ppm
Tolueno	20	200	78	ppm
Cloreto de vinila	1	1	156	ppm
Acetato de cellosolve	5	100	78	ppm

Observações: ACGIH – American Conference of Governmental Industrial Hygienists (EUA). OSHA – Occupational Safety and Health Administration (EUA). NR 15 – Norma Regulamentadora nº 5 (BRASIL). R – Particulado respirável. In – Particulado inalável. C – Concentração teto. # – Uso restritivo. VRT – Valor de Referência Tecnológico.

Saiba mais
Dia Nacional de Luta contra o Benzeno – 5/10

O Dia Nacional de Luta contra a Exposição ao Benzeno foi criado em homenagem ao técnico de operações Roberto Kappra, da Refinaria Presidente Bernardes, em Cubatão, que faleceu, em 5 de outubro de 2004, vítima de leucemia mieloide aguda, doença ligada à exposição ao benzeno. Kappra trabalhou 11 anos na refinaria e morreu aos 36 anos, 22 dias após serem detectados os primeiros sintomas da doença. Na época, a Petrobrás se recusou a reconhecer o nexo causal, e a CAT só foi emitida tempos depois. A história de Kappra tornou-se símbolo da luta contra a exposição a essa substância altamente cancerígena.

O controle do benzeno no Brasil é marcado pelo processo que culminou na instituição da Comissão Nacional Permanente do Benzeno (CNPBz), em 1995, e das comissões estaduais e regionais, em 1997. No âmbito da CNPBz, permanece a discussão em relação à normatização da exposição ao benzeno nos setores produtivos e na revenda de combustíveis, tendo por referência a adoção do Valor de Referência Tecnológico (VRT) estabelecido em 1994, em substituição ao Limite de Tolerância (LT).

O VRT para o benzeno é definido na Norma Regulamentadora 15 (NR 15) como: "a concentração de benzeno no ar considerada exequível do ponto de vista técnico, definido em processo de negociação tripartite. VRT deve ser considerado como referência para os programas de melhoria contínua das condições dos ambientes de trabalho. O cumprimento do VRT é obrigatório e não exclui risco à saúde".

Os valores adotados correspondem a 2,5 ppm (partículas por milhão), para as indústrias siderúrgicas, e 1,0 ppm, para as químicas e petroquímicas. Essa abordagem foi considerada um avanço na regulação do benzeno e na busca por melhorias contínuas da exposição nos ambientes de trabalho que visam à proteção à saúde do trabalhador, em contraposição à simples definição de um limite seguro de exposição, que não existe, por se tratar de um carcinógeno.

O Anexo 13-A da NR 15, referente às atividades e operações insalubres, regulamenta ações, atribuições e procedimentos de prevenção à exposição ocupacional ao benzeno, para a proteção da saúde do trabalhador. Esse anexo se aplica a "todas as empresas que produzem, transportam, armazenam, utilizam ou manipulam benzeno e suas misturas líquidas contendo 1% (um por cento) ou mais de volume e aquelas por elas contratadas, no que couber".

Tabela 1.31 Limite de Exposição Ocupacional (LEO) e recomendações para benzeno em vários países e órgãos internacionais. *Fonte:* MENDES (2017).

País	LEO / Recomendação	Referência
Brasil	1 ppm (VRT 8h) Petroquímica	MTE, 1995
	2,5 ppm (VRT 8h) Siderúrgicas	
China	2 ppm (TWA 8h)	Weisel, 2010
	3 ppm (STEL)	
Coréia do Sul	1 ppm	Park et ak., 2011
EUA		
ACGIH	0,5 ppm (TWA 8h)	ACGIH, 2016
	2,5 ppm (STEL)	
NIOSH	0,1 ppm (TWA 10h)	NIOSH, 2007
	1 ppm (STEL)	
OSHA	1 ppm (TWA 8h)	OSHA, 2014
	5 ppm (STEL)	
EPA	Risco para leucemia a 1ppm de exposição de $7,1 \times 10^3$ a $2,5 \times 10^{-2}$	EPA, 1998
França		
INRS	1 ppm (TWA 8h)	Bonnard et al., 2007
ANSES	$0,038$ µg/m^{-3} – risco de 10^{-6} (risco de leucemia aguda)	ANSES, 2014
	$0,38$ µg/m^{-3} – risco de 10^{-5} (risco de leucemia aguda)	
	$3,8$ µg/m^{-3} – risco de 10^{-4} (risco de leucemia aguda)	
Holanda	0,2 ppm (TWA 8h)	Health Council of the Netherlands, 2014
Hong Kong	0,5 ppm (TWA 8h)	Tsin, 2006
	2,5 pp (STEL)	
Itália	3200	Scapellato et all, 2013
Japão	0,1 ppm para risco de câncer de 1×10^{-4}	Takahashi e Higashi, 2006
	1 ppm para risco de câncer de $1X\ 10^{-3}$	Arito, 2015
Singapura	1 ppm (TWA 8h)	Tang et al., 2006
Taiwan	5 ppm (TWA 8h)	Shih et al., 2006
	10 ppm (STEL)	
União Europeia	1 ppm (TWA)	Arnaldo et al., 2013
WHO	17 µg/m^3 (5,27 ppb) para risco de leucemia de 1/10.000	WHO, 2010
	1,7 µg/m^3 (0,527 ppb) para risco de leucemia de 1/100.000	
	0,17 µg/m^3 *0,053 ppb) para risco de leucemia de 1/1.000.000	

VRT = Valor de Referência Tecnológico; TWA Time Weghted Average; STEL = Short Term Exposure Limit; 1ppm (3.25 mg/m^3)

Capítulo 2

Segurança do Trabalho

1. Prevencionismo

Durante a Revolução Industrial, não se pensava em prevenção. As principais preocupações estavam voltadas apenas para a reparação dos danos à saúde e à integridade física dos trabalhadores. Foi a partir de 1926, com os estudos do norte-americano Heinrich, que o conceito de prevenção começou a vir à tona. Ele percebeu o alto custo, para a seguradora na qual ele trabalhava, de reparar os danos decorrentes de acidentes e doenças do trabalho. A partir dessas observações, foi desenvolvida uma série de ideias para que esse problema pudesse ser gerenciado dentro das empresas, privilegiando a prevenção acima de tudo. Por esta razão, Heinrich é considerado o precursor, ou o "pai", do Prevencionismo.

Em 1966, o também norte-americano Frank Bird Jr. propôs um novo enfoque para as questões de segurança e saúde, a partir da ideia de que a empresa deveria se preocupar não somente com os danos aos trabalhadores, mas também com os danos às instalações, aos equipamentos e aos seus bens em geral. Ele chamou seu enfoque de *Loss Control*, com o objetivo de dar uma abrangência maior a tais questões. Quatro anos depois (1970), ampliando um pouco a perspectiva de Bird, o canadense John Fletcher deu outra designação a essas ideias, acrescentando a palavra "total" ao enfoque do norte americano, ou seja, *Total Loss Control*. Fletcher incrementou o escopo proposto por Bird, no sentido de englobar também as questões de proteção ambiental, de segurança patrimonial e de segurança do produto.

Dentro desse contexto de meio ambiente, segurança e saúde no trabalho, é importante ressaltar que um dos maiores desafios que a indústria como um todo tem atualmente é manter sua competitividade, assegurando um meio ambiente saudável e seguro e condições de trabalho que não ameacem a vida dos funcionários nem sua integridade física. Para permanecerem competitivas em um mercado acirrado e cada vez mais exigente, as empresas deverão, portanto, desenvolver processos novos e melhores, bem como implementar sistemas de gestão voltados principalmente para a prevenção da poluição e de acidentes, buscando a melhoria contínua e atendendo, no mínimo, à legislação vigente.

Todos nós queremos viver em um lugar verde, agradável, e a grande maioria quer desfrutar dos benefícios que a indústria nos traz em termos de qualidade de vida. Nós queremos comer uma variedade infindável de pratos. Queremos vestir roupas confortáveis e dispor de detergentes que as lavem dia após dia.

Queremos continuar vivendo em casas ou ir para empresas, escolas e lojas que sejam aquecidas ou ventiladas, bem decoradas e bem limpas. Nós apreciamos a locomoção em transportes públicos ou próprio. Esperamos que, quando estivermos doentes, existam diversos produtos farmacêuticos que nos curem. Todos esses aspectos da vida moderna, e vários outros, são provenientes da indústria, nos seus diferentes segmentos, e não existem dúvidas de que a qualidade de vida seria muito pior sem estes. Contudo, a fim reduzir os impactos decorrentes da produção em grande escala, as empresas precisam definir estratégias e educar-se quanto aos modernos padrões e manufaturas, caso desejem manter uma boa reputação. Nesse sentido, é importante enfatizar que mudanças devem ser feitas aos poucos, mas constantemente.

Agir de forma sistemática com o tempo significa ser dinâmico em vez de estático, antecipando o futuro e aceitando que as mudanças nunca terminam. Essa mudança de cultura tem influenciado alguns países rumo a esse novo paradigma de prevenção determinado pelas estruturas dos sistemas de gestão.

É interessante aqui definir *prevenção*: prevenção de acidentes do trabalho é toda e qualquer ação executada dentro da perspectiva da engenharia de segurança, com o objetivo de propor medidas de controle das condições perigosas ou eliminá-las, visando evitar ocorrências que possam fazer com que o trabalho venha a ser a causa de sofrimento, doenças, morte e incapacidade para quem o realiza. Como abordagem para a prevenção de acidentes, devemos priorizar aquelas estratégias que reduzirão de forma mais efetiva as lesões. Prioridade deve ser dada a medidas que protejam automaticamente sem demandar qualquer ação por parte dos indivíduos. De modo geral, as estratégias que não requerem cooperação consciente dos trabalhadores têm maior impacto na prevenção do que as que dependem de tal cooperação. Esse aspecto será discutido em mais detalhes um pouco mais adiante, no capítulo que trata de comportamento humano e os tipos de erros.

2. História da segurança do trabalho no Brasil

Embora em menores proporções, não seria absurdo afirmar que o período vivido pelo Brasil, basicamente Rio de Janeiro e São Paulo, de 1880 a 1920, guarda grande similitude com o período da Revolução Industrial na Inglaterra de cem anos antes. Nos seus aspectos positivos, mas também na repetição dos problemas desencadeados pela industrialização. De acordo com Dean (1971), condições de trabalho eram duríssimas: muitas estruturas que abrigavam as máquinas não haviam sido originalmente destinadas a essa finalidade. Além de mal iluminadas e mal ventiladas, não dispunham de instalações sanitárias. As máquinas se amontoavam umas ao lado das outras, e suas correias e engrenagens giravam sem proteção alguma.

Os acidentes se amiudavam. Os funcionários cansados, que trabalhavam, às vezes, além do horário sem aumento de salário ou trabalhavam aos domingos, eram multados por indolência ou pelos erros cometidos, se fossem adultos, ou surrados, se fossem crianças. Cite-se o exemplo dos cardadores da indústria têxtil, que trabalhavam 16 horas por dia, das 5 às 22 horas, com uma hora para a refeição, e, nos domingos, até as 15 horas.

Os primeiros passos do prevencionismo brasileiro tiveram origens reais nos primeiros anos da década de 1930, depois da criação do Ministério do Trabalho. Desta década datam as primeiras tentativas para conscientizar os responsáveis pelo desenvolvimento industrial do Brasil, autoridades, empresários e trabalhadores, sobre a importância da prevenção de acidentes e doenças do trabalho.

O país contava, desde 1919, com uma lei de acidentes do trabalho, a qual foi reformulada em 1934, mas, apesar da reformulação, ambas as leis foram ineficientes no aspecto prevencionista, preocupando-se de preferência com a compensação ao acidentado, ou seja, atuava depois que o acidente acontecia. Surge nessa época, através da Lei 185, de 14 de janeiro de 1936, o adicional de insalubridade, experiência abandonada depois de se mostrar comprovadamente ruim na revolução industrial inglesa. A partir de então, o trabalhador brasileiro, exposto aos riscos ambientais, tinha direito a um acréscimo salarial de até 50%. Posteriormente, essa lei foi regulamentada pela Portaria SMC 51, de 13/04/1939, do Ministério da Indústria, Comércio e Trabalho, criando os "quadros das indústrias insalubres". Essa prática perversa de comprar a saúde dos trabalhadores tem se perpetuado até a presente data, completando, em 2006, 70 anos de existência.

Em abril de 1938, foi apresentado um projeto de lei para modificar a parte que se referia aos acidentes do trabalho do Decreto nº 22.872, de criação do Instituto dos Marítimos. Nesse anteprojeto, posteriormente transformado no Decreto-lei nº 3.700, de 9 de outubro de 1941, foi incluído um capítulo dedicado à prevenção de acidentes do trabalho. Em 1940, os adicionais de insalubridade foram subdivididos em percentuais de 40%, 20% e 10%, para, respectivamente, três níveis de insalubridade: máximo, médio e mínimo. Em 1943, no governo Getúlio Vargas, foi implantada a CLT (Consolidação das Leis do Trabalho), com um capítulo (V) reservado à segurança e higiene do trabalho. Foi também prevista a eliminação da insalubridade através de medidas de controle e, por consequência, o não pagamento dos respectivos adicionais. Nesse mesmo ano, o governo resolveu estender às outras classes operárias as medidas de proteção ao trabalho. O ministro do trabalho, Marcondes Filho, lançou as bases da Campanha Nacional de Prevenção de Acidentes do Trabalho, que até hoje vem se desenvolvendo.

Paralelamente ao desenvolvimento progressivo da legislação, foram aparecendo diversas entidades, algumas de origem privada e outras de caráter oficial, tendo por objetivo o ensino, divulgação e pesquisas no âmbito da segurança, higiene e medicina do trabalho. A primeira dessas entidades no nosso meio foi a ABPA (Associação Brasileira para a Prevenção de Acidentes), fundada em 21 de maio de 1941, constituindo-se numa das primeiras organizações desse tipo na América do Sul. A entidade nacional de maior importância e responsabilidade na área é a Fundacentro, Fundação Jorge Duprat Figueiredo de Segurança e Medicina do Trabalho.

O fim dos anos 60 e início da década de 70 foram marcados por grande crescimento industrial e econômico. Falava-se no "milagre brasileiro", e as taxas de crescimento eram de até 10% ao ano. Isto, naturalmente, significava também que não havia formação profissional para colocar no mercado trabalhadores devidamente treinados, não só para as tarefas requeridas, mas também para a prevenção. Somando isso a um crescimento relativamente desordenado das empresas, o resultado só poderia ser um: muitos acidentes. A evolução dos índices oficiais pode ser observada na Tabela 2.1.

Tabela 2.1 Evolução dos índices oficiais de acidentados. *Fonte:* AEAT (2017).

Ano	Total Geral	Com CAT				Total sem CAT
		Total com CAT	Típico	Trajeto	Doença do Trabalho	
2007	659.523	518.415	417.036	79.005	22.374	141.108
2008	755.980	551.023	441.925	88.742	20.356	204.957
2009	733.365	534.248	424.498	90.180	19.570	199.117
2010	709.474	529.793	417.295	95.321	17.177	179.681
2011	720.629	543.889	426.153	100.897	16.839	176.740
2012	713.984	546.222	426.284	103.040	16.898	167.762
2013	725.664	563.704	434.339	112.183	17.182	161.960
2014	712.302	564.283	430.454	116.230	17.599	148.019
2015	622.379	507.753	385.646	106.721	15.386	114.626
2016	585.626	478.039	355.560	108.552	13.927	107.587
2017	549.405	450.614	340.229	100.685	9.700	98.791

Observação: A Tabela 2.1 considera apenas os números oficiais do INSS, que engloba somente trabalhadores com carteira profissional assinada.

Em 1972, quase um quinto da força de trabalho formal (inscrita na previdência) havia se acidentado, e essa foi a pior marca na história acidentária do Brasil. E é preciso considerar ainda:

♦ a grande quantidade de trabalho informal;
♦ que esse índice é médio, ou seja, para as atividades de alto risco as cifras seriam ainda mais altas;
♦ a eventual subnotificação de acidentes.

Pode-se perceber, então, quão calamitosa era a situação. Tratava-se não apenas de um grande holocausto de vítimas fatais, mutilados e alijados da sociedade produtiva, mas também de uma sangria imensa do PIB, pelas horas não produtivas, perdas econômicas e recursos de previdência desviados necessariamente para fazer frente a indenizações e pensões. Um grande drama humano, mas também uma perda de riqueza do país, que poderia estar sendo dirigida a outras prioridades. Era necessário fazer algo, e depressa. Assim, foram virtualmente "criadas" novas categorias ocupacionais, para, em caráter emergencial, reverter a situação:

- ◆ engenheiro de segurança;
- ◆ médico do trabalho;
- ◆ enfermeiro do trabalho;
- ◆ auxiliar de enfermagem do trabalho; e
- ◆ técnico de segurança do trabalho (então chamado supervisor de segurança do trabalho).

Observe-se que não havia então formação de segurança no País. Os que a tinham, haviam estudado no exterior ou eram autodidatas. Havia, sim, preocupação com a segurança, mas era restrita às CIPAs. O Sistema SENAI também se preocupava em formar com segurança os aprendizes, e as empresas, especialmente as estrangeiras aqui radicadas, com honrosas exceções locais, também tinham cuidados oriundos das matrizes.

A criação veio decretada a partir da Portaria 3237, de 1972, dentro do que se chamou de PNVT (Plano Nacional de Valorização do Trabalhador). Tal era a urgência, que as profissões foram criadas no âmbito do Ministério do Trabalho, que outorgava a profissão, o que perdurou até os anos 80, quando passaram para a esfera do Ministério da Educação. O então "supervisor de segurança", nos primeiros tempos, poderia formar-se apenas com o ginásio, atualmente conhecido como ensino fundamental, sendo exigido posteriormente o segundo grau (atualmente ensino médio). Vale salientar que, já na CLT de 1943, aparecia a denominação "segurança e higiene do trabalho". Na Constituição Brasileira de 1988, a higiene do trabalho ou ocupacional é um direito dos trabalhadores, conforme o artigo 7°. Na revisão do Capítulo V da CLT, em 1977, criou-se o binômio Segurança e Medicina do Trabalho, desprezando-se a importância da disciplina que estuda os riscos ambientais.

Após uma queda de 4,78% nos acidentes de trabalho registrados de 2016 para 2017, passando de 585.626 para 557.626, o Brasil registrou um aumento de 3,47% de 2017 para 2018, passando para 576.951 (PROJEÇÃO, 2020). No mesmo período, houve diminuição no número de mortes no trabalho, de 2.132 para 2.098 (-1,59%), e na quantidade de trabalhadores incapacitados permanentemente em decorrência de acidente ocupacional, de 16.050 para 14.856 (-7,44%). Mantendo-se na liderança, os homens representaram 65,96% (380.559) do total de acidentados, e as mulheres, 34,03% (196.370).

Os dados constam na mais recente versão do AEPS (Anuário Estatístico de Previdência Social) postada no site da Secretaria de Previdência/Ministério da Economia no dia 6 de fevereiro. A publicação, referente a 2018, vem com a atualização dos dados de 2017, conforme ilustra a Tabela 2.2.

Tabela 2.2 Acidentes de trabalho por situação de registro em motivo, em 2018. *Fonte:* Proteção (2020).

| Regiões e estados | Trabalhadores | Quantidade de Acidentes do Trabalho | | | | | | | | | Acidentes / 100 mil Trabalahdores |
| | | Com CAT Registrada | | | | | | Sem CAT Registrada | % | Total | |
		Típico	%	Trajeto	%	Doença do Trabalho	%				
Brasil	43.250.115	360.320	62,45	107.708	18,67	9.387	1,63	99.536	17,25	576.951	1.237
Norte	2.667.086	14.426	56,73	4.023	15,82	476	1,87	6.503	25,57	25.428	953
Acre	126.304	363	42,11	172	19,95	14	1,62	313	36,31	862	682
Amapá	132.243	303	51,27	130	22,00		-	158	26,73	591	447
Amazonas	596.692	3.818	54,15	873	12,38	233	3,30	2.127	30,17	7.051	1.182
Pará	1.085.546	6.142	62,48	1.528	15,54	118	1,20	2.043	20,78	9.831	906
Rodndônia	345.135	2.352	52,07	872	19,30	87	1,93	1.206	26,70	4.517	1.309
Roraima	98.083	415	44,01	185	19,62	8	0,74	336	35,63	943	961
Tocantins	283.083	1.033	63,26	263	16,11	17	1,04	320	19,60	1.633	577
Nordeste	7.212.237	32.154	48,81	12.001	18,22	1.644	2,50	20.081	30,48	6.588	762
Alagoas	493.858	2.250	54,47	594	14,38	76	1,84	1.211	29,31	4.131	836
Bahia	2.261.558	8.369	49,41	2.195	12,96	517	3,05	5.856	34,58	16.937	749
Ceará	1.471.704	5.853	51,34	3.166	27,77	153	1,34	2.229	19,55	11.401	775
Maranhão	747.143	2.033	55,53	718	19,61	65	1,78	845	23,08	3.661	490
Paraíba	639.404	1.742	43,81	739	18,59	175	4,40	1.320	33,20	3.946	622
Pernambuco	159.551	7.061	47,74	2.553	17,26	416	2,81	4.759	32,18	14.789	927
Piauí	455.268	810	23,75	460	13,49	44	1,29	2.097	61,48	3.411	749
R. G. do Norte	594.400	2.528	48,93	1.097	21,23	172	3,33	1.370	26,51	5.167	869
Sergipe	389.351	1.508	62,65	479	19,90	26	1,08	234	16,37	2.407	618
Sudeste	22.965.116	200.317	65,35	62.175	20,28	4.867	1,59	39.147	12,77	306.508	1.338
Espírito Santo	885.342	8.615	71,20	2.575	21,28	62	0,51	847	7,00	12.099	1.367
Minas Grais	4.760.830	37.529	63,02	9.279	15,58	893	1,50	11.852	19,90	59.553	1.251
Rio de Janeiro	4.071.481	23.909	63,71	7.677	20,46	1.022	2,72	4.918	13,11	37.526	934
São Paulo	13.247.463	130.264	66,01	42.644	21,61	2.890	1,46	21.532	10,91	197.330	1.490
Sul	6.225.752	83.796	63,25	20.876	15,76	1.774	1,34	26.035	19,65	132.481	1.611
Paraná	3.070.407	30.290	67,13	7.972	17,67	488	1,08	6.369	14,12	45.119	1.469
R. G. do Sul	2.900.427	31.891	65,67	6.544	13,48	833	1,72	9.291	19,13	48.559	1.674
Santa Catarina	254.918	21.615	55,70	6.360	16,39	453	1,17	10.375	26,74	38.803	1.721
Centro-Oeste	4.179.924	29.627	63,50	8.633	18,50	626	1,34	7.768	16,65	46.654	1.116
Distrito Federal	1.193.098	4.336	53,81	1.412	17,52	198	2,46	2.112	26,21	8.058	645
Goiás	1.507.648	10.141	63,08	3.707	23,06	150	0,93	2.078	12,93	16.076	1.066
Mato Grosso	834.008	8.415	68,14	1.943	15,73	133	1,08	1.858	15,05	12.349	1.481
Mato G. do Sul	645.170	6.735	66,22	1.571	15,45	145	1,43	1.720	16,91	10.171	1.576

CAT

Conforme o Anuário, os acidentes sem CAT (Comunicação de Acidentes de Trabalho) registrados no INSS, aqueles identificados por meio de perícia por outros instrumentos, como os nexos técnicos previdenciários, caíram de 103.787 para 99.536 (-4,09%) no período. Por outro lado, houve aumento no total de acidentes com CAT registrados. Em 2018, foram 477.415 (5,19% a mais que no ano anterior: 453.839). Os dados ainda mostram que o total de acidentes típicos, que ocorreram com o segurado a serviço da empregadora, aumentaram 5,45%, passando de 341.700 para 360.320. Por sua vez, houve queda no percentual de doenças ocupacionais (-14,53%), passando de 10.983 para 9.387. Já nos acidentes de trajeto (que, conforme a MP 905/2019, deixam de ser considerados acidentes de trabalho), houve aumento de 6,48% no período de 2017 a 2018, passando de 101.156 para 107.708 casos.

Liquidados

Ainda conforme o AEPS 2018, houve aumento de 2,26% na quantidade total de acidentes de trabalho liquidados, aqueles cujos processos foram administrativamente encerrados pelo INSS. Esse percentual representa 13.146 acidentes liquidados a mais, passando de 582.091 em 2017 para 595.237 em 2018. Por sua vez, os acidentes de trabalho liquidados de assistência médica no período baixaram 2,60%, passando de 102.109 para 99.454; os de incapacidade temporária por menos de 15 dias aumentaram 17,41%, de 309.137 para 362.970; os de incapacidade temporária por mais de 15 dias reduziram-se em 24,11%, de 152.663 para 115.859; os de incapacidade permanente baixaram 7,44%, de 16.050 para 14.856; e os óbitos diminuíram 1,59%, de 2.132 para 2.098 (Tabela 2.3).

A tabela também mostra a quantidade de acidentes de trabalho por CNAE (Classificação Nacional de Atividades Econômicas) em 2018. Em primeiro lugar, aparecem as atividades de atendimento hospitalar, totalizando 55.931 acidentes; em segundo, o comércio varejista de mercadorias em geral, com predominância de produtos alimentícios (supermercados e hipermercados), com 23.345, em terceiro, a administração pública em geral, com 17.452; em quarto, o transporte rodoviário de cargas, com 13.261; em quinto lugar, o abate de suínos, aves e pequenos animais, com 11.885; e, em sexto, as atividades de correio, com 10.672 acidentes.

As duas últimas atividades trocaram de posição em relação a 2017, quando os números foram de 12.838 para correio e 10.543 para abate. O conjunto dessas seis atividades representa 22,97% do total de acidentes de trabalho em 2018.

Tabela 2.3 Acidentes de trabalho líquidos, por consequência, em 2018. *Fonte:* Proteção (2020).

Regiões e estados	Trabalhadores	Consequência													Total	Óbitos / 100 mil Trab
		Assistência Médica	%	Incapacidade Temporária						Imcapacidade Permanente	%	Óbitos	%			
				Total	%	-15 Dias	%	+15 Dias	%							
Brasil	46.631.115,00	99.454,00	16,71	478.829,00	80,44	362.970,00	60,98	115.859,00	19,46	14.856,00	2,50	2.098,00	0,35	595.237,00	4,00
Norte	2.667.086,00	4.224,00	15,85	21.233,00	79,69	14.164,00	53,16	7.069,00	26,53	1.039,00	3,90	150,00	0,56	26.646,00	6,00
Acre	123.304	103	11,09	826	88,91	422	45,43	332	35,74	68	7,35	4	0,43	929	3
Amapá	132.243	97	15,82	516	84,18	328	53,51	165	26,92	18	2,94	5	0,82	613	4
Amazonas	596.692	750	10,13	6.657	98,87	4.098	55,33	2.192	29,59	341	4,60	26	0,35	7.407	4
Pará	1.085.546	2.068	20,28	8.128	79,72	5.559	54,52	225	22,07	251	2,46	68	0,67	10.196	6
Rodndônia	345.135	842	17,52	3.963	82,48	2.248	46,78	1.431	29,78	258	5,37	26	0,54	4.805	8
Roraima	98.083	65	6,74	900	98,26	512	53,06	364	37,72	20	2,07	4	0,41	965	4
Tocantins	283.083	299	17,27	1.432	82,73	997	57,60	335	19,35	83	4,79	17	0,98	1.731	6
Nordeste	8.647.237,00	8.519,00	12,36	57.390,00	83,24	36.199,00	52,50	21.191,00	30,73	2.720,00	3,95	319,00	0,46	68.948,00	4,00
Alagoas	493.858	636	14,83	3.654	85,17	2.272	52,96	1.233	28,74	131	3,05	18	0,42	4.290	4
Bahia	2.261.558	2.711	15,23	15.094	84,77	8.196	46,03	6.038	33,91	762	4,28	98	0,55	17.805	4
Ceará	147.704	1.186	10,12	10.536	65,10	7.631	22,22	2.605	2,06	241	2,06	59	0,50	11.722	4
Maranhão	747.143	515	13,25	3.371	58,62	2.278	22,52	875	4,84	188	4,84	30	0,77	3.886	4
Paraíba	639.404	240	5,69	3.978	94,31	2.626	55,14	1.411	33,45	221	5,24	20	0,47	4.218	3
Pernambuco	159.551	1.788	11,50	13.763	88,50	7.983	51,33	5.010	32,22	725	4,66	45	0,29	15.551	3
Piauí	455.268	132	3,68	3.454	96,32	1.166	32,52	2.101	58,59	162	4,52	25	0,70	3.586	5
R. G. do Norte	594.400	763	14,28	4.579	85,72	2.808	54,25	1.501	28,10	162	3,03	18	0,34	5.342	3
Sergipe	389.651	548	21,51	2.000	78,49	1.449	56,87	417	16,37	128	5,02	6	0,24	2.548	2
Sudeste	22.991.116,00	53.989,00	17,17	253.373,00	80,56	205.250,00	65,29	48.023,00	15,28	6.196,00	1,97	922,00	0,29	314.380,00	4,00
Espírito Santo	885.342	2.665	21,47	9.745	78,53	8.112	65,37	1.357	10,93	225	1,81	51	0,41	12.410	6
Minas Grais	476.830	11.324	188,42	50.142	81,58	34.807	56,63	13.518	21,99	1.562	2,54	255	0,41	61.466	5
Rio de Janeiro	4.017.781	7.569	19,50	31.243	80,50	24.224	62,41	5.907	15,22	989	2,55	123	0,32	38.812	3
São Paulo	13.247.463	32.431	16,08	169.251	83,92	138.107	68,47	27.241	13,51	3.420	1,70	493	0,24	201.692	4
Sul	8.225.752,00	24.056,00	17,56	108.794,00	79,40	78.599,00	57,36	30.195,00	22,04	3.727,00	2,72	445,00	0,32	137.022,00	5,00
Paraná	3.070.407	7.288	15,73	39.035	82,27	30.354	65,53	7.622	16,45	855	1,85	204	0,44	46.323	7
R. G. do Sul	2.900.427	10.794	21,56	39.275	78,44	27.162	54,25	10.819	21,62	1.178	2,35	116	0,23	50.069	4
Santa Catarina	2.254.918	5.974	14,70	34.656	85,30	21.083	51,86	11.754	28,93	1.694	4,17	125	0,31	40.630	6
Centro-Oeste	4.179.924,00	8.666,00	17,96	38.139,00	49,06	28.758,00	59,61	9.381,00	19,45	1.174,00	2,43	262,00	0,54	48.241,00	6,00
Distrito Federal	1.193.098	748	8,92	7.641	91,08	5.105	60,85	2.195	26,17	316	3,77	25	0,30	8.389	2
Goiás	1.507.648	2.974	17,90	13.641	82,10	10.412	62,67	2.750	16,55	382	2,30	97	0,58	16.615	6
Mato Grosso	834.008	2.799	21,99	9.931	78,01	7.348	57,72	2.269	17,82	206	1,62	108	0,85	12.730	13
Mato G. do Sul	645.170	1.245	20,41	9.362	79,59	5.893	56,09	2.167	20,62	270	2,57	32	0,30	10.507	5

2.1 Alguns marcos históricos e legislativos no Brasil: legislação atual e as Normas Regulamentadoras (NRs)

Os marcos históricos e legislativos podem ser apresentados cronologicamente da seguinte forma:

- 1917 – Primeira greve geral operária em São Paulo.
- 1919 – Primeira Lei de Seguros de Acidentes do Trabalho.
- 1923 – Caixas de Aposentadorias e Pensões.
- 1930 – Criação do Ministério do Trabalho (Getúlio Vargas).
- 1933 – Transformação das Caixas em Institutos (IAPC, IAPI, etc.).
- 1943 – Promulgação da CLT.
- 1960 – Lei Orgânica da Previdência Social (centralização dos institutos).
- 1966 – INPS.
- 1966 – Criação da Fundacentro, que só iria operar em 1969.
- 1967 – Estatização e monopólio do Seguro de Acidente de Trabalho (SAT), que era privado. Havia a tarifação individual.
- 1972 – Plano Nacional de Valorização do Trabalhador/SESMTs obrigatórios/criação dos profissionais ocupacionais.
- 1976 – Taxação fixa do SAT (1, 2 ou 3% da folha de salários).
- 1977 – Alteração do capítulo V, título II, da CLT (Lei 6514).
- 1978 – Regulamentação da Lei 6514 e criação das Normas Regulamentadoras (NRs).
- 1994 – Fundação da ABHO (Associação Brasileira de Higienistas Ocupacionais).
- 1994 – Obrigatoriedade de Programas Prevencionistas (PPRA, PCMSO, PCMAT, PPR, etc.).
- 2004 – Reformulação da legislação previdenciária, introduzindo a obrigatoriedade de normas técnicas da Fundacentro.
- 2019 - Revisão das Normas Regulamentadoras.

As Normas Regulamentadoras foram criadas a partir das alterações da Lei 6514, de 22 de dezembro de 1977, com novidades conceituais (por exemplo, os Limites de Tolerância) e com o intuito de consolidar toda uma legislação fragmentada e esparsa, uma miríade de portarias, que existia até então. Houve um esforço de revisão e de ordenação, dentro de um formato que vem se mantendo até hoje. Atualmente existem 36 Normas Regulamentadoras básicas. As normas versam sobre todos os tópicos de segurança, higiene e medicina do trabalho.

3. Legislação

Todos os profissionais de saúde e segurança do trabalho devem conhecer várias legislações, com graus diferenciados de aprofundamento e especificidade.

Legislação trabalhista

É a principal. Essencialmente, nas Normas Regulamentadoras, mas também na própria CLT, há pontos que requererão atenção no dia a dia. As portarias da SSST (Secretaria de Segurança e Saúde no Trabalho), que alteram as NRs, devem ser conhecidas na íntegra. É possível acessar pela Internet.

Legislação previdenciária

É a segunda mais importante, pois se relaciona (muitas vezes de forma negativa) com a trabalhista. Define os eventos resultantes dos acidentes, as prestações econômicas derivadas e, especialmente, a questão das aposentadorias especiais e dos laudos a serem emitidos para tal. Em alguns casos, pode ser uma das tarefas preponderantes do profissional. Deve-se esperar alta necessidade de envolvimento.

Legislação ambiental

A legislação ambiental não pode passar despercebida, pois há vários pontos de interseção. É preciso lembrar que o ruído na empresa, por exemplo, após ser um problema ocupacional, escapa dos limites da planta e se torna um problema ambiental.

Níveis legislativos

Em todos os campos, deve-se estar atento não apenas à legislação federal, mas também às estaduais e municipais. É preciso atenção em São Paulo, por exemplo, com a "lei do PSIU" – Programa de Silêncio Urbano.

4. Aprofundamento de Normas Regulamentadoras específicas

As Normas Regulamentadoras (NR) são disposições complementares ao capítulo V da CLT, consistindo em obrigações, direitos e deveres a serem cumpridos por empregadores e trabalhadores visando garantir trabalho seguro e sadio, prevenindo a ocorrência de doenças e acidentes de trabalho. A elaboração/revisão das NR é realizada pelo Ministério do Trabalho, adotando o sistema tripartite paritário por meio de grupos e comissões compostas por representantes do governo, de empregadores e de empregados.

NR 01 Disposições gerais (vigente até 8 de março de 2021)

A NR 01 passou por uma revisão, e sua nova versão passou a estar disponível em 31/07/19. Dentre as alterações, algumas que foram enaltecidas serão listadas e discutidas a seguir:

- A obrigação do empregador de implementar medidas de prevenção de acordo com a hierarquia correta.
- O direito de recusa válido para todas as Normas Regulamentadoras.
- A possibilidade de aproveitamento de conteúdo de treinamentos, tanto dentro da mesma organização quanto entre organizações.
- A guarda eletrônica de documentos, mediante assinatura digital.
- A regulamentação dos treinamentos EAD, que aparece no Anexo II da Norma.
- O tratamento diferenciado ao MEI, à microempresa e à empresa de pequeno porte de graus de risco 1 e 2, com a possibilidade de dispensa de elaboração de PPRA e de PCMSO.

NR 01   Disposições Gerais e Gerenciamento de Riscos Ocupacionais

A NR 01, criada em 1978 e revisada em 12/03/2020 com o nome de Disposições Gerais, começou a vigorar em 03/01/2022, sendo nomeada de Disposições Gerais e Gerenciamento de Riscos Ocupacionais (GRO), se aproximou de um Sistema de Gestão de Segurança e Saúde Ocupacional (SGSSO). Para este fim, trouxe em sua nova redação a sigla PGR (Programa de Gerenciamento de Riscos). Até então, não havia um normativo que estabelecesse a gestão de todos os agentes presentes no ambiente de trabalho. Com essa nova redação, a NR 01 passa a ter nova abordagem em relação aos riscos ocupacionais e menciona, em seu texto, que os riscos devem ser evitados, identificados, avaliados e classificados.

Após a classificação de riscos, conforme o item 1.4.1 da NR 01, devem-se implementar medidas de prevenção de acordo com a seguinte prioridade: "eliminação dos fatores de risco, minimização e controle dos fatores de risco, com a adoção de medidas de proteção coletiva, minimização e controle dos fatores de risco, com a adoção de medidas administrativas ou de organização do trabalho, e adoção de medidas de proteção individual". O Programa de Gerenciamento de Riscos (PGR), de acordo com o item 1.5.7.1 da NR 01, deve conter, no mínimo, o Inventário de Riscos e um Plano de Ação. Neste plano, devem ser indicadas as medidas de prevenção a serem introduzidas, aprimoradas ou mantidas, definindo seu cronograma, forma de acompanhamento e aferição dos resultados. O desempenho das soluções deve contemplar a verificação da execução das condições ambientais e exposições a agentes nocivos, caso existam. Em resumo, para o PGR, devemos identificar o risco, fazer uma avaliação preliminar, eliminar o risco, quando possível, ou implementar medidas de controle. Todas essas informações, compreenderão o Gerenciamento de Riscos Ocupacionais (GRO).

O PGR aborda ainda o processo de controle de riscos, com planejamento de ações preventivas, verificação das medidas adotadas e ajustes necessários, realização de inspeções e monitoramento de exposições, controle médico da saúde dos trabalhadores e investigação de acidentes e doenças relacionados ao trabalho. Uma das premissas da gestão de Segurança e Saúde Ocupacional é a mensuração de riscos. A partir dessa mensuração, é possível definir quais riscos serão abordados prioritariamente. Mas, antes, há algumas questões: Como mensurar os riscos? Como atribuir um número a cada tipo de risco.

Para responder a essas questões, sugerimos a utilização de uma ferramenta conhecida como HRN, que será detalhada a seguir.

Metodologia de quantificação de riscos HRN

Entre os métodos para estimar os riscos, o mais frequentemente utilizado para se quantificar e graduar o nível de risco é o método HRN (*Hazard Rating Number*), também conhecido como Número de Avaliação de Perigos. Este método classifica um risco de modo a saber se este é aceitável ou não. O método HRN é muito eficaz, pois, a partir de um risco identificado, relacionado ao perigo considerado, obtém-se uma função da gravidade do dano com a probabilidade de ocorrência deste mesmo dano para um dado número de trabalhadores expostos.

Cálculo do HRN

Para quantificar os níveis de perigo em uma máquina, deve-se fazer um levantamento de todos os riscos/perigos encontrados nela (ex.: falta de aterramento elétrico, risco de prensagem de dedos, risco de acionamento involuntário, etc.) e então utilizar a seguinte fórmula para cada perigo encontrado:

$$HRN = LO \times FE \times DPH \times NP$$

em que:
HRN é o nível de risco quantificado;
LO, a probabilidade de ocorrência;
FE, a frequência de exposição ao risco;
DPH, o grau de severidade do dano; e
NP, o número de pessoas expostas ao risco.

Os parâmetros e variáveis que cada um representa estão listados e quantificados nas tabelas seguintes.

Para a probabilidade de ocorrência de um acidente utilizam-se níveis que variam de 0,033 a 15 (Tabela 2.4).

Tabela 2.4 Probabilidade de ocorrência de um acidente – HRN.

Probabilidade de Ocorrência (LO)		
0,033	Quase impossível	Pode ocorrer em circunstâncias extremas
1	Altamente improvável	Mas pode ocorrer
1,5	Improvável	Embora concebível
2	Possível	Mas não usual
5	Alguma chance	Pode acontecer
8	Provável	Sem surpresas
10	Muito provável	Esperado
15	Certeza	Sem dúvida

Já no caso da frequência, utilizam-se os valores descritos na Tabela 2.5.

Tabela 2.5 – Frequência de exposição – HRN.

Frequência de Exposição (FE)	
0,5	Anualmente
1	Mensalmente
1,5	Semanalmente
2	Diariamente
4	Em termos de horas
5	Constante

Quando vamos atribuir um grau de possível lesão (DPH), os valores seguem os demonstrados na Tabela 2.6.

Tabela 2.6 Grau da lesão – HRN.

Grau da Possível Lesão (DPH)	
0,1	Arranhão/escoriação
0,5	Dilaceração/corte/enfermidade leve
1	Fratura leve de ossos – dedos das mãos/dedos dos pés
2	Fratura grave de ossos – mão/braço/perna
4	Perda de 1 ou 2 dedos das mãos ou dos pés
8	Amputação de perna/mão, perda parcial da audição ou visão
10	Amputação de 2 pernas ou mãos, perda parcial da audição ou visão em ambos os ouvidos ou olhos
12	Enfermidade permanente ou crítica
15	Fatalidade

Por fim, de acordo com a Tabela 2.7, deve ser indicado o número de pessoas envolvidas no risco.

Tabela 2.7 Número de pessoas expostas ao risco – HRN.

Números de pessoas expostas ao risco (NP)	
1	1-2 pessoas
2	3-7 pessoas
4	8-15 pessoas
8	16-50 pessoas
12	Mais de 50 pessoas

Já a Tabela 2.8 apresenta os níveis de risco que podem ser obtidos através da aplicação da fórmula do HRN.

Tabela 2.8 Níveis de riscos e providências – HRN.

Hazard Rating Number (HRN)		
Resultado	Risco	Providência perante à avaliação
0-1	Aceitável	Considerar possíveis ações. Manter as medidas de proteção.
1-5	Muito baixo	
5-10	Baixo	Garantir que as medidas atuais de proteção são eficazes. Aprimorar com ações complementares.
10-50	Significantes	
50-100	Alto	Devem ser realizadas ações para reduzir ou eliminar o risco. Garantir a implementação de proteções ou dispositivos de segurança.
100-500	Muito alto	
500-1000	Extremo	Ação imediata para reduzir ou eliminar o risco.
Maior que 1000	Inaceitável	Interromper a atividade até eliminação ou redução do risco.

A graduação de cor, na Tabela 2.8, varia do verde, para resultados de HRN aceitáveis, ao vermelho, para níveis inaceitáveis e que necessitam de intervenção imediata. Salienta-se que essa variação de cores foi definida pelo autor do presente estudo. Escolheram-se essas cores por sua semelhança com os semáforos de trânsito, tornando, desta forma, muito mais nítidas as gravidades encontradas na avaliação.

Vale ressaltar que esta é uma ferramenta generalista, que pode ser aplicada para mensurar e comparar situações de risco, como, por exemplo, o risco de se contrair Covid-19, comparando a condição de *home office* (menor índice de contágio) com a condição de pessoas que necessitam se deslocar para o trabalho a partir de transporte público (maior risco de contágio). Para quantificação de riscos físicos e químicos, lançamos mão da NR 09 e das Normas de Higiene Ocupacional disponibilizadas pela Fundacentro.

A transição rumo ao GRO

A prática de apenas atender à documentação não será mais uma solução válida, haja vista que as fiscalizações serão on-line, por meio do eSocial, e este tipo de comportamento não será efetivo diante das exigências normativas. Em outras, um PGR de "gaveta" jamais atenderá às exigências normativas, nem à empresa, que sofrerá sanções devido à fiscalização. O cumprimento de NRs e outros dispositivos legais não pode ser o ponto de chegada (finalidade), mas um dos meios para se alcançarem os objetivos: ambientes mais seguros e saudáveis. Nesta transição, conforme ilustra a Figura 2.1, o PGR torna-se um instrumento coerente e uma ferramenta dinâmica para atender ao GRO.

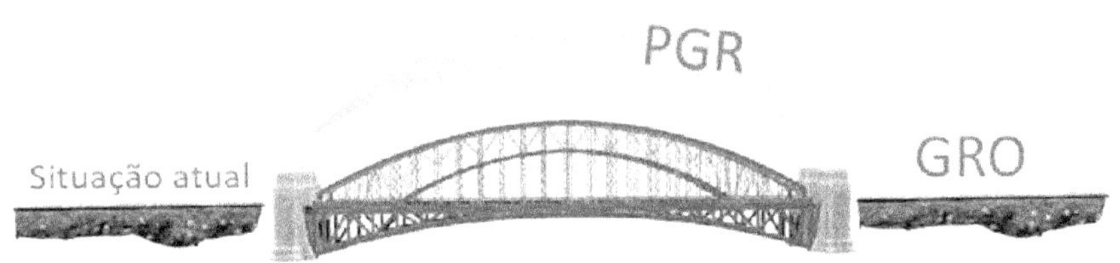

Figura 2.1 PGR como instrumento para chegar ao GRO.

O Gerenciamento de Riscos Ocupacionais (GRO) possui características abrangentes e ditará as diretrizes e requisitos para que as empresas realizem a identificação dos perigos e riscos, avaliação, análise e controle dos riscos, pelos programas, como, por exemplo, o PGR.

O principal objetivo do GRO, quando de sua vigência, será nortear as empresas para que implementem planos, programas ou sistemas de gestão e certificações que visem à melhoria contínua do desempenho em Segurança e Saúde no Trabalho (SST).

Desta forma, o GRO será estruturado, implantado e melhorado por uma equipe multidisciplinar, sendo que cada um, dentro de sua formação profissional e limitação legal, terá sua respectiva responsabilidade técnica. No Capítulo 4 será abordado a estruturação de um GRO, com os principais atos normativos, programas, riscos e suas inter-relações, demonstrando a harmonização entre os conceitos abordados até aqui. Nesta nova proposta de segurança do trabalho, sob a visão dos autores, o GRO é uma entidade que engloba todos os outros aspectos, ficando numa área externa apenas o eSocial.

A investigação de acidentes, apesar de não ser o alvo do PGR, conforme NR 01, está contida no GRO, pois ela retroalimenta as informações de Higiene e Segurança do Trabalho para que medidas corretivas sejam tomadas.

Por fim, a gestão documental é um ponto crucial, considerando-se o volume de informações que será produzido durante o trabalho.

NR 05 – CIPA (Comissão Interna de Prevenção de Acidentes)

NR 05 é a sigla de Norma Regulamentadora 5, que é a norma expedida pelo MTE para tratar da CIPA. A CIPA tem por principal objetivo observar, de forma contínua, as condições de trabalho em todos os ambientes de uma empresa.

A NR 05 sofreu alterações em julho de 2019, sendo uma das mais importantes aquela de que trata o item 5.14, que é o fato de não ser mais necessário enviar os documentos para órgãos fiscalizadores. Toda a documentação relacionada ao processo eleitoral deve ficar no estabelecimento à disposição de uma possível fiscalização do Ministério do Trabalho.

Outra alteração importante é a do item 5.14.2: é preciso disponibilizar uma cópia das atas de eleição e posse aos membros titulares e suplentes mediante recibo. Se antes os órgãos fiscalizadores já eram rigorosos com os documentos da CIPA, a partir desse momento, com os membros da CIPA munidos de uma cópia desses documentos, tudo se torna mais transparente.

De acordo com a nova redação da NR, os membros da CIPA também deverão receber uma cópia da ata da reunião, e isso deve acontecer sempre logo após a realização da mesma.

NR 06 – EPI (Equipamento de Proteção Individual)

O principal objetivo desta norma é regulamentar os equipamentos de proteção individual e estabelecer as condições sob as quais esses equipamentos devem ser fornecidos pelas empresas, salientando principalmente as obrigações dos empregadores, importadores e empregados em relação aos EPIs.

Logo no começo, a NR 06 trata da gratuidade do EPI (item 6.3). Isso pode parecer óbvio, mas ainda hoje encontramos empresas que cobram pelos EPIs dos seus trabalhadores, ou, ainda, vemos anúncios de emprego que mencionam o fornecimento de EPI como benefício! Ainda no mesmo item, está claro também a obrigação de fornecer o EPI adequado ao risco, além da obrigatoriedade do seu fornecimento em perfeito estado de conservação e funcionamento.

NR 07 – SESMT (Serviço Especializado em Engenharia de Segurança e em Medicina do Trabalho)

A NR 07 tem o intuito de determinar a obrigatoriedade da elaboração e implementação do Programa de Controle Médico de Saúde Ocupacional (PCMSO), por parte de todos os empregadores e instituições, com o objetivo de proteger e preservar a saúde física e mental dos trabalhadores em relação aos riscos gerados pelo trabalho. O PCMSO deve incluir, dentre outras, a realização obrigatória dos exames médicos admissionais, periódico, de retorno ao trabalho, de mudança de função (atualmente chamados de mudança de risco ocupacional) e demissional.

Além disso, outros exames complementares, além dos previstos na norma, podem ser realizados, desde que relacionados aos riscos presentes no trabalho. O inventário de riscos é o ponto de partida para descrever os agravos à saúde associados aos riscos, bem como planejar exames e elaborar um relatório analítico sobre o desenvolvimento do programa, sendo o PGR (Programa de Gerenciamento de Riscos) o responsável pela unificação desses requisitos.

Após a publicação da Portaria 6.734, de 09/03/2020, no DOU, a NR 07 sofreu alterações, como, por exemplo, a nova tratativa do Atestado de Saúde Ocupacional (ASO). Anteriormente, o ASO era impresso em duas vias, sendo uma do trabalhador e outra do empregador. A partir da data supracitada, o ASO pode ser enviado de forma digital a ambas as partes, podendo ser emitido em forma física apenas a pedido do trabalhador.

NR 09 – PPRA (Avaliação e Controle das Exposições Ocupacionais a Agentes Físicos, Químicos e Biológicos)

A NR 09 passou por revisão e consulta pública, o que elevou a norma a outro patamar. A NR 09, que antes apenas versava sobre o programa de prevenção de riscos ambientais, após reformulação passou a ser considerada um Programa de Gerenciamento de Riscos (PGR). A partir de 03/01/2022, a NR 09 atenderá pelo nome de Avaliação e Controle das Exposições Ocupacionais a Agentes Físicos, Químicos e Biológicos, data esta que determina o início de sua vigência. A NR 09 (PPRA), de 26 páginas, que versava sobre o programa de prevenção de riscos ambientais, após reformulada ficou mais enxuta (três páginas), porém muito mais exigente e abrangente, aproximando-se de uma Norma de Higiene Ocupacional.

PGR e PPRA: a transição

Em novembro de 2019, aconteceu, no auditório da Fundacentro, debate sobre o novo texto da NR 09 (Programa de Prevenção de Riscos Ambientais). Representantes de associações profissionais, dos trabalhadores, do Ministério

Público do Trabalho (MPT), da Associação Brasileira de Normas Técnicas (ABNT) e de empresas participaram do debate.

Os trabalhos foram iniciados com falas do presidente da Fundacentro, Felipe Portela, e do assessor da Secretaria de Trabalho do Ministério da Economia, Rômulo Machado e Silva. Os textos da NR 09 e de uma norma de Programa de Gerenciamento de Riscos foram discutidos durante a audiência.

As ações de avaliação e controle de exposições devem ser contempladas pelo PGR. Não coloca, porém, a obrigatoriedade de um programa específico para agentes ambientais, como o atual PPRA.

O PGR foi apresentado pelo auditor fiscal do trabalho Luiz Carlos Lumbreras. A ideia é a criação de uma norma autônoma sobre gerenciamento de riscos. A referência foi o trabalho realizado pelo Grupo de Estudos de Prevenção em Segurança e Saúde no Trabalho, publicado em 2014. Esse programa será harmonizado com a nova NR 01 (Disposições Gerais) e com a ISO 45001, voltada para sistemas de gestão em Segurança e Saúde no Trabalho (SST). "Chegamos a uma estrutura que necessita de harmonização. Tentamos proporcionar tratamento diferenciado para determinados tipos de empreendimentos, como as micro e pequenas empresas e MEI (microempreendedor individual). Reduzir a burocracia. A NR 01 já trouxe conceitos harmonizados com a ISO 45001. A nova norma de gestão tem que estar harmonizada com a NR 01 e a ISO 45001", explicou Lumbreras.

A proposta pressupõe uma dissociação dos requisitos de prevenção dos critérios para caracterização de atividades ou operações insalubres ou perigosas. Todas as atividades da organização e todos os tipos de riscos devem ser abrangidos. As ações de prevenção podem ser contempladas por planos, programas ou sistemas de gestão, observados os requisitos legais. O PGR visa à melhoria contínua do desempenho em SST a partir do ciclo PDCA (Planejar, Fazer, Verificar e Agir).

Outros aspectos destacados foram os deveres da organização: evitar os riscos que possam ser originados no trabalho; avaliar os riscos que não possam ser evitados; implementar medidas de prevenção, ouvindo os trabalhadores, de acordo com a ordem de prioridade estabelecida na NR 01; e adaptar o trabalho ao trabalhador.

Para o processo de avaliação de riscos, o auditor enumerou as ações necessárias: identificação de perigos e riscos; adoção de medidas preventivas após a identificação dos riscos; estimar a probabilidade e severidade do dano.

"Os métodos de avaliação de riscos podem ser qualitativos, semiquantitativos ou quantitativos, conforme a natureza dos riscos (definidos em NRs específicas)", explica Lumbreras. "A identificação e avaliação dos riscos devem ser realizadas antes do início de novas atividades, para as atividades existentes, após mudanças e para verificar a efetividade de medidas preventivas adotadas", completa.

O PGR ainda aborda o processo de controle de riscos, com planejamento de ações preventivas, verificação das medidas adotadas com os ajustes necessários, realização de inspeções e monitoramento de exposições, controle médico da saúde dos trabalhadores e investigação de acidentes e doenças relacionados ao trabalho.

Já em relação ao tratamento diferenciado, o microempreendedor individual está dispensado de elaborar o PGR. No entanto, essa dispensa não abrange a organização contratante do MEI, que deve incluí-lo nas ações de prevenção e no PGR dela. As microempresas e empresas de pequeno porte poderão contar com ferramenta de avaliação de risco, a ser disponibilizada pela Secretaria Especial de Previdência e Trabalho. O relatório e plano de ação produzidos poderão ser utilizados para estruturar o PGR.[1]

NR 12 – Segurança do Trabalho na Operação de Máquinas e Equipamentos

A Norma Regulamentadora nº 12 – Segurança no Trabalho em Máquinas e Equipamentos – define quais são as medidas de proteção obrigatórias que a empresa deve tomar para preservar o bem-estar, a segurança e a integridade física dos trabalhadores que lidam com maquinário em sua rotina de trabalho.

A primeira versão da NR 12 foi criada em 1978, e tratava-se de um texto conciso e incompleto. Com o passar dos anos, surgiu a necessidade de renovar e estender o conteúdo dessa norma, acrescentando anexos relacionados às máquinas que não apareciam na primeira versão. Depois de várias reformulações, a nova versão da NR 12 (que é a que nós conhecemos e usamos hoje) conta com um texto base de 19 itens principais, três apêndices, sete anexos e um glossário. Sua última revisão é datada de 31/07/2019.

Junto ao Ministério do Trabalho (MT), existe a ENIT (Escola Nacional de Inspeção do Trabalho), que por momentos assumiu o papel do MT e é o órgão responsável por fiscalizar as empresas – são enviados profissionais periodicamente para verificar se as organizações estão cumprindo a norma corretamente. Aquelas que não estão de acordo com as exigências da NR 12 estão sujeitas a duras penalidades. Qualquer tipo de maquinário pode oferecer riscos, por isso é essencial que a gestão da empresa conscientize os colaboradores sobre o quão importante é tomar cuidado, conhecer as máquinas e fazer treinamentos para preservar a sua segurança.

Vale lembrar que a NR 12 abrange muito mais do que apenas a utilização das máquinas e equipamentos; qualquer atividade que envolva o maquinário da empresa é contemplada na NR 12, como: transporte, instalação, ajuste, montagem, operação, manutenção, limpeza, inspeção, desmonte e desativação.

---

1. Fonte: Fundacentro.

Quais setores devem aplicar a NR 12?

Não há restrições à aplicação da NR 12. Ela deve ser obrigatoriamente respeitada em todos os segmentos e empresas que contem com equipamentos e fluxos de trabalho que possam expor o trabalhador a qualquer máquina que represente risco à saúde e integridade física. Assim *todas* as empresas que possuem máquinas devem atender à norma.

As exceções são:

♦ máquinas e equipamentos movidos ou impulsionados por força humana ou animal;

♦ máquinas em exposição em feiras, museus, ou utilizados para fins históricos e educativos, sempre adotando medidas para preservar a segurança dos envolvidos (expositores ou visitantes);

♦ máquinas ou equipamentos classificados como eletrodomésticos.

O atendimento à NR 12 segue os tópicos da norma que menciona também as NBRs 12.100 e 14.153. Um laudo de NR 12 necessita de apreciação de risco.

Uma das metodologias utilizadas é a HRN (*Hazard Rating Number)*, que abordamos no tópico da NR 01, juntamente ao PGR.

NR 18 – Condições e Meio Ambiente de Trabalho na Indústria da Construção

Publicada em fevereiro de 2020, a nova NR 18 tem o intuito de ser mais objetiva e eficiente ao concentrar-se no que as empresas devem fazer, deixando o "como fazer" a cargo dos prevencionistas. A última mudança integral da NR 18 havia ocorrido em 1995, e posteriormente os conteúdos passaram a ser inseridos ou revisados por meio de Portarias. A nova atualização resultou em uma legislação mais consistente, enxuta, que não diminui em nada a importância das questões relacionadas à segurança e saúde dos colaboradores dos canteiros de obras.

Dentre as principais mudanças está a substituição do PCMAT (Programa de Condições e Meio Ambiente de Trabalho na Indústria de Construção) e do PPRA (Programa de Prevenção de Riscos Ambientais) pelo PGR (Programa de Gerenciamento de Riscos). Além disso, houve harmonização da norma com outras NRs e normas técnicas vigentes. A NR 18 permite que, nas obras com até sete metros de altura e no máximo dez trabalhadores, o PGR seja elaborado por profissional qualificado em segurança e saúde no trabalho, não necessariamente legalmente habilitado, e implementado sob responsabilidade da organização. As construtoras deverão elaborar e implementar o PGR, de forma que cada canteiro de obras possua o seu, sendo esta uma obrigação das construtoras e não dos fornecedores contratados. As contratadas deverão fornecer à contratante principal o inventário de riscos de suas atividades, que deverá ser contemplado no PGR.

NR 23 – Proteção contra Incêndios

Anteriormente, a NR 23 versava sozinha sobre a proteção contra incêndios. Isso, porém, gerava dúvidas e conflitos devido aos decretos estaduais e instruções técnicas do corpo de bombeiros. Após 06/05/2011, quando passou por revisão, ela recebeu o item abaixo:

♦ 23.1 – Todos os empregadores devem adotar medidas de prevenção de incêndios, em conformidade com a legislação estadual e as normas técnicas aplicáveis.

Esta alteração possibilitou uma simplificação enorme em comparação com a norma antiga.

Outro ponto interessante da NR 23 é relativo às barras antipânico. A norma não exige, apenas recomenda a utilização, dizendo que as saídas de emergência podem ser equipadas com dispositivos de travamento que permitam fácil abertura do interior do estabelecimento.

NR 26 – Sinalização de Segurança

Pode-se dizer que a NR 26 passou por um processo similar ao da NR 23. Anteriormente, a NR 26 definia as cores de segurança que devem ser utilizadas. Feita sua revisão, em 28/05/2018, ela foi simplificada, delegando as definições de cores de dutos, por exemplo, às NBR 6493 e NBR 7195:

♦ 26.1.2 – As cores utilizadas nos locais de trabalho, para identificar os equipamentos de segurança, delimitar áreas, identificar tubulações empregadas para a condução de líquidos e gases e advertir contra riscos, devem atender ao disposto nas normas técnicas oficiais.

NR 35 – Trabalho em Altura

A NR 35 é uma norma relativamente nova no Brasil, porém é um assunto que gerava preocupação e ações de órgãos internacionais. A norma estabelece os requisitos mínimos e as medidas de proteção para o trabalho em altura, envolvendo o planejamento, a organização e a execução, de forma a garantir a segurança e a saúde dos trabalhadores envolvidos direta ou indiretamente com essa atividade.

Resumidamente, toda atividade executada acima de dois metros do chão é considerada um trabalho em altura. Obviamente que, aqui, estamos sendo simplistas; a norma envolve muito mais pontos que este.

4.1 Insalubridade (NR 15)

Neste tópico serão abordados os riscos ambientais e as operações insalubres no ambiente de trabalho. O que é um ambiente insalubre? Quais fatores caracterizam esse ambiente? Essas respostas serão esclarecidas de maneira simples e aplicadas ao cotidiano das organizações, buscando facilitar a compreensão do leitor.

Tomando por base o artigo 7º de nossa Constituição Federal de 1988 temos: "Adicional de remuneração para as atividades penosas, insalubres ou perigosas, na forma da lei"

A palavra "insalubre" tem origem no latim e significa *tudo aquilo que causa doença*. Neste sentido, insalubridade é a qualidade de insalubre. Se recorrermos ao conceito legal de insalubridade, disposto no artigo 189 da CLT (Consolidação das Leis Trabalhistas), temos:

> "Serão consideradas atividades ou operações insalubres aquelas que, por sua natureza, condições ou métodos de trabalho, exponham os empregados a agentes nocivos à saúde, acima dos limites de tolerância fixados em razão da natureza e da intensidade do agente e do tempo de exposição aos seus efeitos."

Cabe aqui comentarmos que os limites de tolerância estão contidos na NR 15 e que, quando tocamos no assunto insalubridade, fica impossível não fazer ligação com higiene ocupacional. Assim, podemos afirmar que a insalubridade surge sempre que há a possibilidade de adoecimento do trabalhador durante o desempenho de sua jornada laboral.

4.1.1 Insalubridade: ledo engano

Segundo DOMINGOS DA SILVA (2012), o adicional de insalubridade foi criado no Brasil no ano de 1936, pela Lei 185 de 14 de janeiro, e tinha por princípio ajudar os trabalhadores na compra de comida, pois se acreditava que as pessoas bem alimentadas eram mais resistentes às doenças. Essa premissa já havia sido rejeitada na Inglaterra e Estados Unidos nos anos de 1760 e 1830 por ser absolutamente falsa.

Nas terras brasileiras, a ideia prosperou através de sucessivos dispositivos legais, como o Decreto 399, de 20/4/1938, Portaria SMC 51, de 13/04/39, e Decreto 2165, de 01/05/40 (CLT de Getúlio Vargas). Temos, portanto, uma história de 75 anos de pagamento do adicional de insalubridade, ganhando inclusive destaque na atual Constituição Federal. Resumindo, há uma cultura de compra da saúde do trabalhador, no seu sentido mais torpe.

Quem paga e quem recebe o adicional de insalubridade assumem um contrato trabalhista de compra e venda da saúde na medida em que o empresário, comprador, admite que ele não tem controle dos riscos ambientais existentes nos locais de trabalho e se torna responsável pelas doenças ocupacionais. O vendedor (trabalhador) concorda em ficar doente ao longo do tempo, tendo como recompensa uma migalha a mais no salário.

Isso é tão verdade que o artigo 194 da CLT afirma que "o direito do empregado ao adicional de insalubridade cessará com a eliminação do risco à saúde ou integridade física, nos termos desta seção e das normas expedidas pelo Ministério do Trabalho". A Portaria 3214, do Ministério do Trabalho, através da NR 09, item 9.3.5.1, exige que medidas de controle sejam adotadas para garantir a salubridade dos locais de trabalho. Parece claro que a lei não exigiria do empregador algo que não fosse viável tecnicamente.

Diante disso, fica a seguinte pergunta: se temos consciência da infâmia de pagar o adicional de insalubridade, se temos normas prevencionistas, se há uma legislação que obriga a contratação de profissionais especializados para tratar desse assunto, por que ainda há interesse em monetizar a saúde dos trabalhadores?

Uma boa resposta, mas certamente incompleta, é a de que essa prática agrada os maus empresários, quando levam em conta somente os custos diretos para implantação de medidas de controle efetivas em comparação com o pagamento dos adicionais de insalubridade, baseados no salário mínimo. Adotar um sistema de ventilação, enclausurar uma máquina, substituir um processo etc. custa mais no início, mas traz muitas mais vantagens ao longo do tempo.

Os trabalhadores também buscam benefícios com o adicional de insalubridade, pois são amparados pela Lei nº 3.807, de 26/8/1960, que concede aposentadoria especial aos que estão expostos às condições insalubres. Seguramente, essa é a grande cortina de fumaça que impede os empregados de enxergarem as consequências dessa suposta vantagem salarial. Em São Paulo, pouco tempo atrás, um homem foi preso porque colocou um dos seus rins à venda, em frente ao Hospital das Clínicas. O conceito, porém, não muda quando se trata do adicional de insalubridade.

Tecnicamente, um trabalhador que se expõe aos riscos ambientais por 25 anos (tempo para a aposentadoria especial) dificilmente gozará seu afastamento do trabalho em boas condições de saúde. Se alguém se aposenta desse modo e apresenta boa forma física e mental, deve ser motivo de investigação pelo Ministério do Trabalho e Emprego, pois há fortes indícios de que recebeu um benefício indevidamente.

A legislação brasileira é bem clara sobre esse tema desde 1994, quando reeditou a NR 09, da Portaria 3214, e passou a exigir controle das condições insalubres. Depois de quase 20 anos, não deveriam existir locais considerados insalubres no Brasil e, portanto, nenhum trabalhador deveria receber tal adicional.

O engano da insalubridade tem elevado as contas do INSS, segurador e responsável pelo pagamento das aposentadorias especiais. Não é à toa que as Instruções Normativas que disciplinam a concessão desse "benefício" ficaram rígidas nos últimos anos, a ponto de as empresas mudarem os critérios de avaliação dos riscos ambientais, área tradicionalmente regulamentada pelo Ministério do Trabalho e Emprego.

As estatísticas oficiais mostram que a média anual de doenças ocupacionais registradas no INSS, entre 2005 e 2009, foi de 24.700, ou seja, nesse período, mais de 120 mil trabalhadores foram afastados dos locais de trabalho por terem a saúde comprometida. Considerando que esses números refletem somente os que têm carteira assinada, pode se imaginar que a população atingida é bem maior.

Está em curso, no Congresso Nacional, um projeto de lei que majora os adicionais de insalubridade, alterando a base de cálculo para o salário base do trabalhador ou da categoria. Isso deve causar grande impacto na folha de pagamentos das empresas. Algumas decisões judiciais recentes têm tratado dessa questão da monetização da saúde, exigindo medidas de controle dos riscos ambientais em vez de pagamento por insalubridade.

Concluindo, três quartos de século foram dedicados ao pagamento do famigerado adicional de insalubridade ou compra da saúde do trabalhador. Para a sociedade prevencionista, de modo geral, isso é um atestado de incompetência profissional e um grande constrangimento institucional.

4.2 Periculosidade (NR 16)

Este tópico abordará as questões de periculosidade das atuações profissionais e os principais conceitos relacionados com as atividades que oferecem perigo aos trabalhadores serão categorizados e esclarecidos.

Periculosidade é uma palavra de origem latina, advinda de *periculum*, que remete à característica ou condição do que é periculoso, ou possui alguma particularidade de perigo. Assim, podemos afirmar que a periculosidade surge sempre que há risco à vida do trabalhador durante o desempenho de sua jornada laboral.

Em uma das últimas revisões referentes à periculosidade, foi incluída a atividade de motoentrega como periculosa.

Conforme dispõe o artigo 193 da CLT, são consideradas atividades ou operações perigosas aquelas que, por sua natureza ou métodos de trabalho, impliquem risco acentuado em virtude de exposição permanente do trabalhador a:

♦ inflamáveis, explosivos ou energia elétrica;
♦ atividades laborais com a utilização de motocicleta em via pública;
♦ roubos ou outras espécies de violência física nas atividades.

O exercício de trabalho em condições de periculosidade assegura ao trabalhador a percepção de adicional de 30% (trinta por cento), incidente sobre o salário, sem os acréscimos resultantes de gratificações, prêmios ou participação nos lucros da empresa.

5. Cases

5.1 Insalubridade

Substituição de monitores de tubo de raios catódicos em uma universidade

Em uma universidade estadual, até 2012, diversos postos de trabalho possuíam monitor de tubo de raios catódicos. Ocorre que, nos laboratórios de estudo, todos os monitores também eram de tubo. Diante dessa situação, por se tratar de um vínculo empregatício, todos os técnicos de informática da universidade recebiam insalubridade de grau médio (20% do salário mínimo da região). Esta situação, porém, era uma condição de difícil neutralização, considerando a exposição diária e a impossibilidade de, por exemplo, fornecer um traje especial a cada técnico de informática.

Com a troca de reitoria, o novo reitor determinou o investimento na substituição de todos os monitores para LCD/LED. Com esta substituição, a fonte de risco foi extinta, não sendo mais necessário o pagamento de insalubridade aos trabalhadores. A economia de valores foi tão significativa que, nos três primeiros meses sem o pagamento da insalubridade, superou-se o montante investido na troca de todos os monitores.

Concessionária de veículos

Uma concessionária de veículos foi acionada na Justiça do Trabalho por não pagar insalubridade aos mecânicos. Durante a perícia, foi constatado o contato dermal com óleo mineral, caracterizando insalubridade de grau máximo (40% do salário base da região). Com a decisão judicial, a concessionária foi obrigada a pagar insalubridade a seus 150 mecânicos, fazendo com que sua folha de pagamento fosse onerada. Além disso, ao pagar a insalubridade aos mecânicos, houve reajuste do FAP (Fator Acidentário de Prevenção), fazendo com que a empresa pagasse taxas trabalhistas mais altas ao governo.

Ao rever os valores, o gerente optou por contratar uma consultoria em segurança do trabalho. A consultoria avaliou a situação e sugeriu realizar a neutralização do risco, bem como gerar evidências que respaldem a empresa. Com o serviço da consultoria, a economia em termos de insalubridade e redução de taxas foi tão significativa que pagou os custos da consultoria e deu resultado positivo nos seis primeiros meses de implantação.

5.2 Periculosidade

Auxiliar de limpeza de posto de gasolina

Júlia foi contratada para realizar a limpeza da loja de conveniência de um posto de combustíveis. Com o passar do tempo, começou a ficar descontente com o salário e tentou pleitear um aumento salarial, porém sem sucesso.

Certo dia, ao procurar um advogado, ela foi orientada a lavar todos os panos na torneira ao lado das bombas de abastecimento e não no tanque, onde isso deveria ser feito. O tanque ficava do lado externo da loja de conveniência, porém a uma grande distância das bombas de abastecimento.

Seguindo a orientação do advogado, Júlia continuou a lavar os panos na torneira, ação esta registrada pelas câmeras de monitoramento do posto de combustíveis. Após seis meses desempenhando suas funções desta forma, Júlia entrou na Justiça do Trabalho, solicitando adicional de periculosidade.

A periculosidade, no posto de gasolina, é caracterizada por trabalhos próximos do bico de abastecimento da bomba (raio de 7,5 metros a partir do bico de abastecimento). Considerando as provas do sistema de câmera, Júlia ganhou o processo e recebeu o adicional desde a data de sua contratação.

Atividade de motoentrega e periculosidade

De acordo com o Ministério da Saúde, o número de mortes em acidentes de trânsito com motos no Brasil aumentou 263,5% entre 2001 e 2011. Segundo dados do Sistema de Informações de Mortalidade (SIM), foram 11.268 mortes no país em 2011 e 3.100 em 2001.

O número de acidentes fatais com motociclistas aumentou 17,7% na cidade de São Paulo no ano de 2018, foram 366 mortes na capital paulista, contra 311 em 2017. Observação: aplicativos de comida dão bônus por entregas rápidas.

No Brasil, mais de 11 mil motociclistas morreram em um ano, segundo balanço de 2018 do Ministério da Saúde. Os acidentes fatais e não fatais envolvendo motociclistas em serviço são gritantes. No ano de 2014, esta atividade foi caracterizada como de periculosidade devido à condição de risco a que o condutor fica exposto.

Saiba mais

No dia 28 de abril de 1969, uma explosão numa mina no estado norte-americano da Virginia matou 78 mineiros. Em 2003, a Organização Internacional do Trabalho (OIT) instituiu a data como o Dia Mundial da Segurança e Saúde no Trabalho, em memória às vítimas de acidentes e doenças relacionadas ao trabalho. Nesse dia eventos no mundo todo estimulam a conscientização dos trabalhadores e empregadores quantos aos riscos de acidentes no trabalho. O que era um dia de luto pela morte transformou-se em um dia de luta pela vida – uma data pela defesa do trabalho decente, mais seguro e saudável. A data foi instituída no Brasil pela Lei nº 11.121/05.

Dados estatísticos indicam que o Brasil ocupa a quarta posição no ranking mundial de acidente de trabalho: a cada 48 segundos acontece um acidente de trabalho e a cada 3h38 um trabalhador perde a vida pela falta de uma cultura de prevenção à saúde e à segurança do trabalho.

De acordo com dados do último Anuário Estatístico da Previdência Social (Aepes), durante o ano de 2016 foram registrados 578,9 mil acidentes do trabalho no INSS. Comparado com 2015, o número de acidentes de trabalho teve um decréscimo de quase 7%. No entanto, não são números para se comemorar, já que o índice de subnotificações é muito alto. Do total de acidentes, 74,5% foram acidentes típicos, 22,7% de trajeto e 2,6% doenças do trabalho. A maioria das vítimas era do sexo masculino (69,4%). Ainda segundo a Previdência, em 2017 240.638 trabalhadores estavam afastados do trabalho, recebendo auxílio-doença.

Fonte: ANAMT (2020).

Capítulo 3

Ergonomia

1.1 História

A formalização da ergonomia, enquanto disciplina, é recente. Ela se deu a partir de 1949, com a criação da *Ergonomics Research Society*, na Inglaterra. Em 1959 foram criadas a *Human Factors Society* (HFS) e a *International Ergonomics Society* (IES), nos Estados Unidos, e, em 1963, a *Société d'Ergonomie de Langue Française* (SELF), na França.

Historicamente, a adaptação das condições do ambiente, ou mesmo das ferramentas de trabalho, às características humanas remonta aos primórdios da humanidade. Há evidências de que o homem das cavernas já se preocupava em produzir artefatos cada vez mais apropriados às suas necessidades e características. A história do homem é permeada por exemplos do aprimoramento de suas técnicas, da introdução de novas ferramentas e procedimentos.

Os relatos sobre as origens da ergonomia moderna, frequentemente, são associados ao final da Segunda Guerra Mundial. Na época, a *Royal Air Force* (Força Aérea Real Britânica) buscava compreender por que equipamentos extremamente modernos, que deveriam facilitar a conduta dos pilotos da aviação, não eram operados com a eficiência e a eficácia esperadas. Para responder a esta demanda, constituiu-se uma equipe interdisciplinar composta por um engenheiro, um psicólogo e um fisiologista. A análise da situação por diferentes olhares foi determinante no diagnóstico do problema e para as soluções propostas.

Nesse período, as indústrias europeia e americana estavam se adequando ao contexto do pós-guerra, buscando elevar a produção com notória escassez de trabalhadores qualificados e, no limite, de matéria-prima. A demanda formulada aos ergonomistas se relacionava, sobretudo, às questões referentes à:

♦ insalubridade;
♦ condições de trabalho;
♦ dimensionamento dos homens e equipamentos;
♦ adaptação de ferramentas e instrumentos de trabalho;
♦ organização do trabalho (variabilidade dos homens, equipamentos e matéria-prima).

Assim, podemos dizer que nos primórdios de sua história a ergonomia preocupou-se em desenvolver pesquisas e projetos voltados para a aplicação de conhecimentos já disponíveis em fisiologia e psicologia e também para o estudo do dimensionamento humano, custo energético, visando à concepção e definição de controles, painéis, arranjo do espaço físico e dos ambientes de trabalho.

Com a evolução dos movimentos sociais, muitas demandas em ergonomia buscavam respostas para os problemas ligados às más condições de trabalho, à organização dos tempos de trabalho e à rejeição da fragmentação das tarefas, resultante da exacerbação da divisão do trabalho. O auge desses movimentos se situa no final dos anos 1960 e nos anos 1970.

A partir da década de 1980, o foco de interesse dos ergonomistas voltou-se para a análise de sistemas automáticos e informatizados, com ênfase na natureza cognitiva do trabalho. Essa mudança ocorreu, principalmente, devido aos insucessos na implantação desses sistemas, que eram projetados com uma lógica que não contemplava os processos cognitivos envolvidos na ação e, portanto, apresentavam muitas dificuldades na operação do sistema.

Esses processos de automação definiram uma nova relação do ser humano com o seu trabalho: ele deixa de ser um executor direto e passa a exercer o papel de controlador do processo (IIDA, 2016).

1.2 Ergonomia no Brasil

No Brasil, a ergonomia surgiu vinculada às áreas de Engenharia de Produção e Desenho Industrial, e o seu âmbito de atuação foi voltado à aplicação dos conhecimentos produzidos sobre as medidas humanas e a produção de normas e padrões para a população brasileira. O segundo momento da ergonomia no país se iniciou com os estudos na área de Psicologia da Universidade de São Paulo (USP), com pesquisas experimentais sobre o comportamento de motoristas e estudos sociotécnicos realizados pela Fundação Getúlio Vargas, no Rio de Janeiro.

Paralelamente às ações voltadas para a antropometria e medidas dos segmentos corporais, os pesquisadores brasileiros iniciaram um diálogo com pesquisadores europeus, sobretudo com os franceses, dentre eles o professor Alain Wisner, patrono da ergonomia brasileira. Posteriormente, o acesso à literatura oriunda da Europa se ampliou e, com ela, o acesso aos trabalhos de outros pesquisadores.

A Associação Brasileira de Ergonomia (Abergo) foi fundada em 1983. É uma entidade que congrega os diversos núcleos de ergonomia no país, por meio da divulgação de conhecimentos produzidos pela área (como o Congresso Brasileiro de Ergonomia) e da normalização da ergonomia enquanto categoria profissional. Entre as normas regulamentadoras brasileiras dispõe-se da NR 17, especificamente dedicada à ergonomia, resultado da articulação entre os sindicatos e os ergonomistas e patrocinada pelo Ministério do Trabalho (IIDA, 2016).

1.3 Definição

O vocábulo "ergonomia" é composto pelas palavras gregas *ergon* (trabalho) e *nomos* (leis e regras). Esse termo foi adotado pela primeira vez em 1857 pelo cientista polonês WoJciech Jastrzebowski, no trabalho intitulado "Ensaios de ergonomia, ou ciência do trabalho, baseada nas leis objetivas da ciência sobre a natureza".

Toma-se como definição de ergonomia: "A ergonomia (ou fatores humanos) é uma disciplina científica relacionada ao entendimento das interações entre os seres humanos e outros elementos ou sistemas, e à aplicação de teorias, princípios e métodos a projetos, a fim de otimizar o bem-estar humano e o desempenho global do sistema". Esta definição é aceita pelas organizações *International Ergonomics Association* (IEA), *Société d'Ergonomie de Langue Française* (SELF) e Associação Brasileira de Ergonomia (Abergo) (IIDA, 2016).

1.4 Objetivos e benefícios

Segundo IIDA (2016), como objetivos práticos, a ergonomia fornece ao trabalhador segurança, conforto e satisfação em suas atividades. A eficiência será o resultado destes itens relacionados. Não é aceitável, do ponto de vista ergonômico, colocar a eficiência do trabalhador em primeiro lugar, pois se deve proporcionar ao mesmo condições ideais de trabalho para que possa realizar suas atividades com satisfação e, a partir daí, pensarmos em eficiência. A ergonomia visa preservar a saúde e segurança; satisfação; e eficiência e produtividade dos trabalhadores. Posto isto, podemos elencar, de maneira mais concreta, seus objetivos:

- ♦ Harmonia entre o indivíduo e o ambiente.
- ♦ Conforto e produtividade com eficiência.
- ♦ Melhora do ambiente de trabalho, tornando-o seguro e saudável (organização do trabalho).
- ♦ Diminuição da sobrecarga física e sua consequente sobrecarga emocional.
- ♦ Redução do trabalho repetitivo e monótono.
- ♦ Criação de postos de trabalho adequados às necessidades dos indivíduos.
- ♦ Melhora da qualidade do trabalho e do produto.
- ♦ Eliminação ou redução da incidência de comprometimentos da saúde motivados pelas condições de trabalho (principalmente de origem osteomuscular).
- ♦ Eliminação dos movimentos ou posturas críticos.
- ♦ Orientação ao trabalhador e cobrança de atitudes corretas.
- ♦ Promoção da integridade física e psicológica dos indivíduos.
- ♦ Atuação de maneira proativa na solução de problemas de origem ergonômica.

As aplicações da ergonomia podem ser classificadas em concepção, correção, conscientização e participação.

1.4.1 Ergonomia de concepção

A ergonomia de concepção ocorre na fase de projeto de um produto, máquina, ambiente ou sistema. Com ela é possível criar as melhores alternativas pensando-se, por exemplo, em prevenção. Trabalha-se com situações hipotéticas, mas que podem ser fundamentadas em informações já existentes de projetos anteriores (*lessons learning*) que passaram por melhorias ou construindo-se modelos 3D de postos de trabalho utilizando-se, por exemplo, softwares específicos.

1.4.2 Ergonomia de correção

Ao contrário da anterior, a ergonomia de correção é aplicada em situações já existentes, com o foco em resolver problemas de segurança, doenças do trabalhador, fadiga excessiva e qualidade da produção. O trabalho de correção pode ser mais fácil que o da concepção, pois já se sabe quais são os problemas que devem ser solucionados. No entanto, a solução adotada pode implicar altos custos de implantação, como é o caso da substituição de máquinas ou materiais inadequados, tornando oneroso todo o processo de correção.

1.4.3 Ergonomia de conscientização

Alguns problemas ergonômicos não são completamente resolvidos nas fases de concepção e correção. Além do mais, novos problemas podem surgir a qualquer momento, tais como desgaste naturais de máquinas e equipamentos, modificações realizadas por serviços de manutenção, alteração no planejamento e controle dos processos produtivos, troca de trabalhadores, etc. A conscientização normalmente é realizada por meio de treinamentos e reciclagens, com o intuito de ensinar o trabalhador a operar de forma segura, dando-lhe elementos para reconhecer os diversos fatores de risco que podem surgir no ambiente de trabalho.

1.4.4 Ergonomia de participação

Enquanto a ergonomia de conscientização procura manter os trabalhadores informados, a de participação faz com que os operários atuem de forma mais ativa, na busca da solução para o problema, realimentando as informações para as fases anteriores, como pode ser visto na Figura 3.1. Um operador de máquina possui muito conhecimento prático, cujos detalhes podem escapar aos olhos dos ergonomistas ou projetistas. Por isso, sua participação nos processos de melhorias ergonômicas é essencialmente importante.

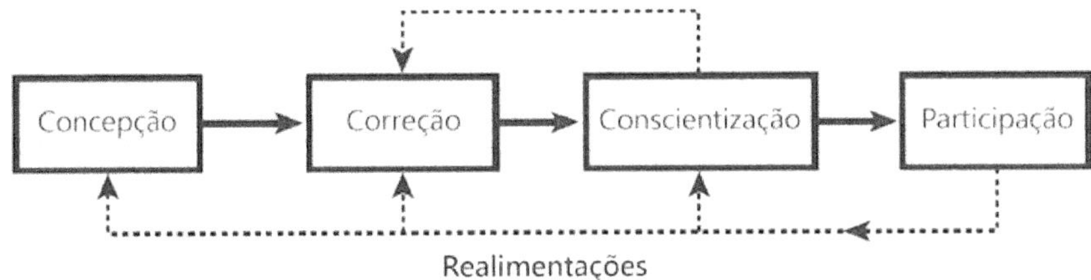

Figura 3.1 Contribuição da ergonomia nas fases de concepção, correção, conscientização e participação.

2. Doenças ocupacionais: breve descrição de LER/DORT

O Brasil possui a maior taxa de doenças ocupacionais e acidentes de trabalho da América Latina, responsáveis por elevados custos previdenciários e pela redução da produtividade. Uma das formas de prevenir doenças ocupacionais é com a adoção de práticas ergonômicas.

Em nosso país, a síndrome de origem ocupacional, composta de afecções que atingem os membros superiores, região escapular e pescoço, foi reconhecida, pelo Ministério da Previdência Social, como Lesões por Esforços Repetitivos (LER). Em 1997, foi introduzida a expressão Distúrbios Osteomusculares Relacionados ao Trabalho (DORT). A instrução normativa do Instituto Nacional de Seguridade Social (INSS) usa a expressão LER/DORT para estabelecer o conceito da síndrome e declara que ela não é fruto exclusivo de movimentos repetitivos, mas pode ocorrer pela permanência de segmentos do corpo em determinadas posições, por tempo prolongado. A necessidade de concentração e atenção do trabalhador para realizar suas atividades e a pressão imposta pela organização do trabalho são fatores que interferem significantemente para a ocorrência da síndrome.

"Os impactos para as organizações decorrentes das LER/DORT (Lesões por Esforços Repetitivos/Distúrbios Osteomusculares Relacionados ao Trabalho) atingem diversas áreas, tanto no que se refere à redução da produtividade quanto ao aumento dos custos, aumento do absenteísmo médico, com comprometimento da capacidade produtiva das áreas operacionais, menor qualidade de vida ao trabalhador, aposentadorias precoces e indenizações" (COUTO, 2000).

"As LER/DORT são ocasionadas pela utilização biomecanicamente incorreta dos membros superiores, que resultam em dor, fadiga, queda de performance no trabalho, incapacidade temporária, e podem evoluir, conforme o caso, para uma síndrome dolorosa crônica, que causa transtornos funcionais e mecânicos, ocasionando lesões de músculos, tendões, fáscias, nervos e/ou bolsas articulares nos membros superiores, e que também pode ser agravada por fatores psíquicos, no trabalho ou fora dele" (FILUS, 2006).

Na maioria das vezes, os casos de LER/DORT nas empresas são detectados por intermédio de exames clínicos. É indispensável, após o diagnóstico, realizar uma investigação completa das tarefas desempenhadas pelo trabalhador, para a identificação dos possíveis agentes causadores de lesões, com vistas à atividade preventiva e para evitar novos casos. Com relação à eficácia do tratamento das doenças relacionadas ao trabalho, ela está diretamente ligada ao tempo em que é diagnosticada e tratada.

Alguns dos distúrbios correlacionados a LER/DORT e citados pela Classificação Internacional de Doenças (CID 10) são: cervicalgia (M54-2), lesões no ombro (M-75), síndrome do túnel do carpo (G-56) e dorsalgia (M-54).

Uma vez que essas consequências são compatíveis com os objetivos da ergonomia, de ajustar as características do trabalho às capacidades e limitações humanas, os profissionais e cientistas que com ela atuam podem avaliar as possibilidades de risco e exposição através de avaliação física em ergonomia.

3. Análise ergonômica do trabalho

A análise ergonômica do trabalho (AET) é uma intervenção, no ambiente de trabalho, para estudo dos desdobramentos e consequências físicas e psicofisiológicas decorrentes da atividade humana no meio produtivo. O objetivo da AET é compreender a situação de trabalho, confrontar com aptidões e limitações à luz da ergonomia, diagnosticar situações críticas de acordo com a legislação oficial, estabelecer sugestões, alterações e recomendações de ajustes de processo, produto, postos de trabalho e ambiente de trabalho.

O levantamento de dados é obtido de diversas formas, como inspeção visual *in loco*, vídeos, medições, registros fotográficos, instruções de trabalho, diretrizes da empresa, levantamento de modo de produção, dos meios de produção, entrevistas, dentre outros.

3.1 Resumo das ferramentas de avaliação ergonômica

Como instrumento de suporte aos objetivos da ergonomia, as ferramentas de avaliação são fundamentais para caracterização da situação analisada. As ferramentas podem ser divididas em seis temas: de avaliação física, de avaliação psicofisiológica, de avaliação comportamental-cognitiva, de avaliação de equipes, de avaliação ambiental e de avaliação macroergonômica (Tabela 3.1). As ferramentas de avaliação física, por exemplo, trabalham com a análise e avaliação de fatores musculoesqueléticos, incluindo tópicos que mensuram o desconforto, observação das posturas, análise de riscos nos postos de trabalho, mensuração do esforço e fadiga, avaliação dos distúrbios de coluna lombar e predição de riscos de distúrbios nos membros superiores.

A Tabela 3.2 traz um resumo das ferramentas de avaliação física mais utilizadas: o nome das ferramentas e seus respectivos autores e ano de criação (coluna da esquerda) e um breve resumo das ferramentas (coluna da direita).

Tabela 3.1 Subdivisão dos temas das ferramentas de avaliação ergonômica. *Fonte:* Stanton (2004).

Temas	Breve descrição de seus conteúdos
Avaliação física	Lida com análise de fatores musculoesqueléticos. Os tópicos incluem: mensuração do desconforto, observação de posturas, análise de risco nos postos de trabalho, mensuração do esforço e fadiga, avaliação de distúrbios na coluna lombar e predição de riscos de distúrbios nos membros superiores.
Avaliação psicofisiológica	Lida com a análise e avaliação da psicofisiologia humana. Os tópicos incluem: frequência cardíaca, casos de risco potencial, resposta galvânica da pele (GSR), pressão arterial, frequência respiratória, movimentos da pálpebra e atividade muscular (EMG).
Avaliação comportamental - cognitiva	Lida com análise e avaliação de pessoas, eventos, artefatos e tarefas. Os tópicos incluem: observação e entrevistas, ferramentas de análise de tarefas cognitivas, predição de erro humano, análise e predição de carga de trabalho e substituições de perigo.
Avaliação de equipes	Lida com análise e avaliação de equipes. Os tópicos incluem: treinamento de equipes, construção de equipes, decisão em equipes, análise de tarefas em equipes.
Avaliação ambiental	Lida com a análise e avaliação de fatores ambientais. Os tópicos incluem: condições térmicas, qualidade do ar, iluminação, ruído e mensurações acústicas e exposição à vibração.
Avaliação macroergonômica	Lida com análise e avaliação de sistemas de trabalho. Os tópicos incluem: ferramentas de análise organizacional e comportamental, sistemas de manufatura, antropotecnologia, avaliação de intervenções em sistemas de trabalho, análise de estrutura e do processo dos sistemas de trabalho.

Tabela 3.2 Resumo das ferramentas de avaliação física mais utilizadas. *Fonte:* Ligeiro (2010).

Ferramentas	Descrição
Checklists	
Avaliação Simplificada do Fator Biomecânico (COUTO, 1996)	Avaliação da sobrecarga física; força; postura; posto e esforço estático; repetitividade, organização e ferramenta de trabalho de membros superiores.
Michigan (LIFSHITZ; ARMSTRONG, 1986)	Lista de avaliação das extremidades superiores dos indivíduos no ambiente de trabalho.
Extremidade do Membro Superior (KEYSERLING et al., 1993)	Análise das extremidades dos membros superiores separadamente (esquerdo e direito)
OCRA (COLOMBINI et al., 2005)	Caracterização da tarefa por sua frequência e esforço requerido.
Qualitativos	
BORG (BORG, 1998)	Estimativa da intensidade de esforço realizado relatado pelo indivíduo.
CORLETT (CORLETT; BISHOP, 1976)	Avaliação de desconforto postural por meio de mapa de regiões corporais.
Quantitativos	
REBA (HIGNETT; MCATAMMEY, 2000)	Estima o risco de desordens corporais a que os colaboradores estão expostos.
RULA (MCATAMNEY; CORLETT, 1983)	Identificação de posturas e esforços que contribuem ao aparecimento de dores e lesões musculares em membros superiores.
Semiquantitativos	
OWAS (KARHU et al., 1977)	Rápida identificação da gravidade das posturas assumidas.
Strain index (MOORE; GARG, 1997)	Avaliação do esforço classificando o nível do risco de desenvolvimento de DORT.
Filtros	
HSE (GRAVES et al., 2004)	Avaliação gradativa da presença de exposições a risco de lesões musculoesqueléticas em nível de risco de desenvolvimento de DORT.
OSHA (SILVERSTEIN, 1997)	Identificação de fatores de risco de DORT.
Protocolos	
RODGERS (RODGERS, 1992)	Análise do nível dos segmentos corporais, do tempo de duração e da frequência dos esforços, estabelecendo prioridades para adequação do ambiente de trabalho.
Avaliação Ergonômica (MALCHAIRE, 1998)	Avaliação da zona do membro superior composta por: esforço, ombro, cotovelo e mão/punho.
HAL (LAKTO et al., 1997)	Avaliação da exposição em atividades manuais

3.2 NIOSH

Em 1981, o NIOSH – *National Institute for Occupational Safety and Health* (Instituto Nacional de Saúde e Segurança Ocupacional) – publicou um informe técnico intitulado *"Work Practices Guides for Manual Lifting"*, revisado posteriormente em 1991. Este manual tinha por objetivo prevenir ou reduzir a ocorrência de dores causadas por levantamento manual de cargas e, para isso, foi desenvolvida uma equação (equação de NIOSH) que calcula o Peso Limite Recomendável (LPR) em tarefas repetitivas de levantamento de cargas. Para a elaboração dessa equação foram considerados três critérios: biomecânico, fisiológico e psicofísico.

Segundo Iida (2016), em trabalhos repetitivos, a carga aceitável para 99% dos homens e 75% das mulheres, sem provocar lesão alguma, está estabelecida na equação de NIOSH em 23 kg, sendo o valor de referência correspondente à capacidade de levantamento de uma altura de 75 cm do solo, para um deslocamento vertical de 25 cm, segurando-se a carga a 25 cm do corpo. Esse valor de referência é multiplicado por seis fatores de redução que dependem, como apresentado na Figura 3.2, das condições de trabalho.

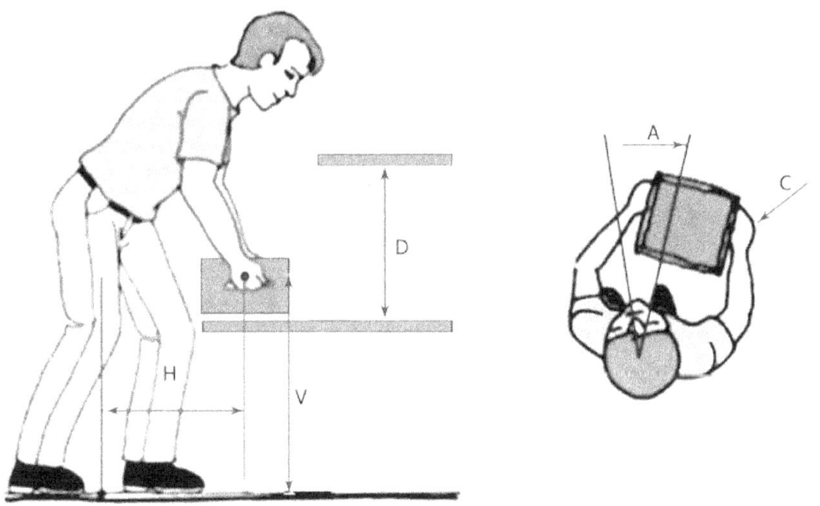

Figura 3.2   Fatores de carga considerados na equação de NIOSH. *Fonte:* Iida (2016).

A equação de NIOSH é usada para calcular o limite de peso recomendado (LPR) e baseia-se em um modelo multiplicativo que apresenta um valor para cada uma das variáveis. Esses valores são expressos em coeficientes que reduzem a constante de carga (LC) como a carga máxima recomendada para a atividade analisada sob condições ideais. A equação é expressa pela fórmula:

$$LPR = LC \times HM \times VM \times DM \times AM \times FM \times CM$$

A Tabela 3.3 traz a explicação de cada fator da equação.

Tabela 3.3   Fatores da equação para cálculo do LPR. *Fonte:* Water, Putz-Anderson e Garg (1994).

Fator	Nomenclatura	Sistema métrico
LC	Constante de carga	23kg
HM	Multipliador Horizontal	25/H
VM	Multiplicador vertical	$1 - (0{,}003 \times |V - 75|)$
DM	Multiplicador de distância	$0{,}82 + (4{,}5/D)$
AM	Multipilcador assimétrico	$1 - (0{,}0032 \times A)$
FM	Multiplicador de frequência	Ver Quadro 3.1
CM	Multiplicador de pega	Ver Quadro 3.2

Utilizando os critérios anteriormente citados, a equação desenvolvida por NIOSH é calculada da seguinte maneira:

$$LPR = 23 \times (25/H) \times [1 - (0{,}003 \times |V - 75|)] \times [0{,}82 + (4{,}5/D)] \times [1 - (0{,}0032 \times A)] \times F \times C$$

A) Componente horizontal (H)

A força no disco intervertebral aumenta proporcionalmente à distância entre a carga e a coluna. Logo, o estresse por compressão axial está diretamente ligado a essa distância horizontal (H). Esta é dada em centímetros e é igual à distância entre a projeção sobre o solo do ponto médio entre as pegas da carga e a projeção do ponto médio entre os tornozelos.

B) Componente vertical (V)

Levantamentos cuja carga deve ser apanhada em posição demasiadamente alta ou muito baixa são penalizados. O fator VM valerá 1 quando a carga estiver localizada a 75 cm do solo e decrescerá à medida que nos distanciemos desse valor, em que a altura vertical (V) é igual à distância vertical entre o ponto de pega e o solo.

C) Componente de distância (D)

A variável distância percorrida (D) é definida pela diferença entre a altura inicial (altura da carga em relação ao solo, na origem do movimento) e a altura final (altura da carga ao final do movimento). Quando D < 25 cm, DM será igual a 1 e decrescerá à medida que aumentar a distância de deslocamento; o valor máximo aceitável é de 175 cm.

D) Componente assimétrico (A)

Ângulo assimétrico (A) é aquele gerado pela rotação do tronco ao movimentar a carga, tendo por base uma reta traçada do ponto médio entre os tornozelos e o ponto médio entre as pegas, como apresentado na Figura 3.3. Levantamentos assimétricos resultam em um LPR muito inferior em relação ao resultante de um levantamento simétrico. Logo, em geral, devem ser evitados.

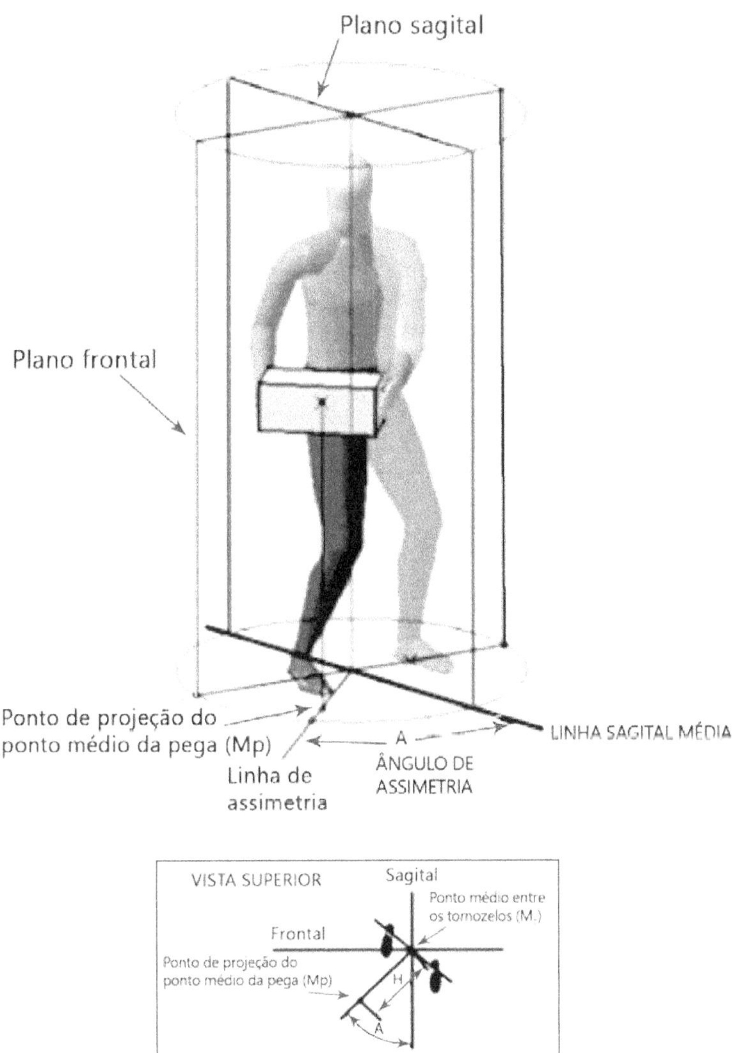

Figura 3.3 Representação gráfica do ângulo de assimetria (A). *Fonte:* Adaptado de Water, Putz-Anderson e Garg (1994).

E) Componente de frequência (F)

A frequência média de levantamentos (F) é dada pelo Quadro 3.1 e depende da média de levantamentos por minuto, da duração da atividade e da altura vertical (V). A duração da atividade de levantamento é classificada em curta, média e longa.

Quadro 3.1 Multiplicadores de frequência (F) para a equação de NIOSH. *Fonte:* lida (2016).

Frequência Levantamentos / Minuto	Duração do trabalho (horas/dia)					
	≤ 1h		≤ 2h		≤ 8h	
	V < 75 (cm)	V ≥ 75 (cm)	V < 75 (cm)	V ≥ 75 (cm)	V < 75 (cm)	V ≥ 75 (cm)
≤0,2	1,00	1,00	0,95	0,95	0,85	0,85
0,5	0,97	0,97	0,92	0,92	0,81	0,81
1	0,94	0,94	0,88	0,88	0,75	0,75
2	0,91	0,91	0,84	0,84	0,65	0,65
3	0,99	0,99	0,79	0,79	0,55	0,55
4	0,84	0,84	0,72	0,72	0,45	0,45
5	0,80	0,80	0,60	0,60	0,35	0,35
6	0,75	0,75	0,50	0,50	0,27	0,27
7	0,70	0,70	0,42	0,45	0,22	0,22
8	0,60	0,60	0,35	0,35	0,18	0,18
9	0,52	0,52	0,30	0,30	0,00	0,15
10	0,45	0,45	0,26	0,26	0,00	0,13
11	0,41	0,41	0,00	0,23	0,00	0,00
12	0,97	0,37	0,00	0,21	0,00	0,00
13	0,00	0,34	0,00	0,00	0,00	0,00
14	0,00	0,31	0,00	0,00	0,00	0,00
15	0,00	0,28	0,00	0,00	0,00	0,00
>15	0,00	0,00	0,00	0,00	0,00	0,00

F) Componente de pega (C)

Para uso da equação de NIOSH, três qualificações de pega são indicadas: boa, razoável e pobre. Uma pega pobre exige maior esforço do trabalhador e reduz o limite de peso aceitável para o levantamento. As instruções para escolha são exibidas na Tabela 3.4.

Com base na classificação da pega e na distância vertical do levantamento, a qualidade da pega (C) é determinada pelo Quadro 3.2.

Tabela 3.4 Classificação da qualidade da pega. *Fonte:* Waters, Putz-Anderson e Garg (1994).

Boa	Razoável	Pobre
Para objetos com ótimo design e que possam ser envoltos pelas mãos. Aqueles com locais para pega com as características: superfície macia e não escorregadia, folgada e preferencialmente em formato ovalado.	Para objetos com ótimo design, mas razoável local para pega.	Para objetos com design desfavorável, irregulares, volumosos e difíceis de manusear, ou com quinas vivas.
Para objetos irregulares, uma boa pega será considerada quando a mão do trabalhador conseguir envolvê-lo por completo, e sem exigir desvios na posição do punho.	O trabalhador deve ser capaz de envolver os dedos ao pegar o objeto em ângulo de 90º, tal como o requerido ao se levantar uma caixa de papelão do chão.	Levantando objetos rígidos. Ex: objetos em formato de sacos que cedem em seu centro.

Quadro 3.2 Qualidade da pega (C) para a equação de NIOSH. *Fonte:* Iida (2016).

Qualidade da pega	Coeficiente da pega	
	$V < 75$	$V \geq 75$
Boa	1,00	1,00
Média	0,95	1,00
Ruim	0,90	0,90

G) Índice de levantamento (LI)

Uma vez calculado o LPR para certa tarefa de levantamento de carga, compara-se o resultado obtido com o peso real da carga levantada. Essa relação fornece o Índice de Levantamento (IL), expresso pela fórmula:

$$IL = PC/LPR$$

A variável IL depende dos seguintes fatores:
PC = peso real da carga, em quilogramas;
LPR = limite de peso recomendado, em quilogramas.

O IL apresenta uma estimativa referente ao estresse físico associado à atividade de levantamento manual. Para IL < 1 tem-se baixo risco de lesão, e a maioria dos trabalhadores que realizam esse tipo de tarefa não deveria ter problemas; IL entre 1 e 2, risco moderado, e alguns trabalhadores podem adoecer ou sofrer lesões ao realizarem essa tarefa (o recomendado é que a tarefa seja redesenhada ou atribuída a trabalhadores selecionados que serão submetidos a controle); e IL > 2, alto risco, a tarefa é considerada inaceitável do ponto de vista ergonômico e deve ser modificada.

3.3 RULA

RULA (*Rapid Upper Limb Assessment*) é uma ferramenta de avaliação do risco de DORT desenvolvida em 1993 por McAtammey e Corlett. Seu objetivo é a classificação integrada de riscos de doenças ocupacionais, particularmente em nível postural. Permite priorizar as intervenções com base numa perspectiva epidemiológica da incidência, por meio de observações realizadas pelo pesquisador sobre o ambiente de trabalho. Sem a necessidade de equipamentos especiais, possibilita obter uma rápida avaliação das posturas assumidas pelo colaborador no local de trabalho, das forças exercidas, da repetitividade e das cargas externas sentidas pelo organismo.

Utilizam-se diagramas posturais e três tabelas de pontuação para indicar a exposição aos fatores externos, designadamente o número de movimentos, o trabalho muscular estático, a força, as posturas de trabalho condicionadas pelos equipamentos ou mobiliários e a duração do período de trabalho sem pausas. A aplicação dessa ferramenta resulta em um sistema de códigos, dando origem a uma classificação e a uma lista categorizada de ações que indicam o nível de intervenção, objetivando reduzir o risco de DORT devido à carga física imposta ao operador. A metodologia do RULA é feita através do registro das diferentes posturas de trabalho observadas que são classificadas por meio de um sistema de pontuação (escore).

A ferramenta usa diagramas de posturas do corpo e tabelas que avaliam o risco de exposição a fatores de carga externos. O objetivo é fornecer um método rápido para mostrar aos trabalhadores o real risco de adquirir DORT e identificar o esforço muscular que está associado à postura de trabalho, força exercida, atividade estática ou repetitiva. Dessa forma, grava-se a postura de trabalho nos planos sagital, frontal e, se possível, no transversal. Em seguida, faz-se a análise da postura, dividindo o corpo em dois grupos – A e B –, que serão mostrados a seguir. Cada parte do corpo é dividida em seções e recebe escores numéricos a partir de 1, que é o escore da postura com menor risco de lesão possível. O escore aumenta conforme aumenta o risco.

Grupo A: Braços, antebraços e punhos

Escores para o braço
- 1 – para 15° de extensão até 15° de flexão;
- 2 – para extensão maior que 15° ou entre 15° e 45° de flexão;
- 3 – entre 45° e 90° de flexão;
- Ombro elevado – adicionar mais 1 ao *score* da postura;

* Antebraço em abdução – adicionar mais 1;
* Reduzir do *score* da postura se o operador ou seus braços estão apoiados.

Escores para os antebraços
* 1 – para 0° a 90° de flexão;
* 2 – para mais de 90° de flexão;
* Rotação externa – adicionar mais 1;
* Se antebraços trabalham a linha sagital do corpo – adicionar mais 1.

Escores para o punho
* 1 – para postura neutra;
* 2 – 0° a 15° de flexão dorsal ou palmar;
* 3 – para mais de 15° de flexão dorsal ou palmar;
* Se o punho está em desvio radial ou ulnar – adicionar mais 1;
* Se o punho está na metade da pronação ou da supinação – adicionar mais 1;
* Se o punho está no final da pronação ou da supinação – adicionar mais 2.

Grupo B: Pescoço, tronco e pernas

Escores para o pescoço
* 1 – 0° a 10° de flexão;
* 2 – para 10° a 20° de flexão;
* 3 – para mais de 20° de flexão;
* 4 – para hiperextensão;
* Se o pescoço estiver em rotação lateral – adicionar mais 1;
* Se o pescoço estiver inclinado lateralmente – adicionar mais 1;

Escores para o tronco
* 1 – em pé, ereto ou sentado bem apoiado;
* Se o tronco estiver fletido até 20° – adicionar mais 2;
* Se o tronco estiver fletido de 20 a 60° – adicionar mais 3;
* Se o tronco estiver com mais de 60° de flexao – adicionar mais 4,
* Se o tronco estiver em rotação – adicionar mais 1;
* Se estiver inclinado para o lado – adicionar mais 1.

Escores para as pernas
* Se as pernas e pés bem apoiados e o peso está bem distribuído – adicionar mais 1;
* Se as pernas e pés não apoiados ou se o peso está mal distribuído – adicionar mais 2.

A combinação desses escores é obtida a partir das Tabelas 3.5 (Avaliação A) e 3.6 (Avaliação B), a seguir.

Aos resultados dos grupos A e B são acrescentados *scores* relativos ao tipo de trabalho muscular e à repetitividade e em relação ao nível de esforço. O escore final é obtido através da Tabela 3.7 (Avaliação C). Este escore final vai determinar as prioridades de ação através de uma graduação que vai de 1 (aceitável) a 7 (posturas próximas dos extremos, em que medidas imediatas e urgentes devem ser tomadas).

Tabela 3.5 Avaliação A – escore punho, braço e antebraço. *Fonte:* McAtammey e Corlett (1993).

A		Punho							
		1		2		3		4	
Braço	Antebraço	Giro		Giro		Giro		Giro	
	1	1	2	2	2	2	3	3	3
1	2	2	2	2	2	3	3	3	3
	3	2	3	2	3	3	3	4	4
	1	2	2	2	3	3	3	4	4
2	2	2	2	2	3	3	3	4	4
	3	2	3	3	3	3	4	4	5
	1	2	3	3	3	4	4	5	5
3	2	2	3	3	3	4	4	5	5
	3	2	3	3	4	4	4	5	5
	1	3	4	4	4	4	4	5	5
4	2	3	4	4	4	4	4	5	5
	3	3	4	4	5	5	5	6	6
	1	5	5	5	5	5	6	6	7
5	2	5	6	6	6	6	7	7	7
	3	6	6	6	7	7	7	7	8
	1	7	7	7	7	7	8	8	9
6	2	7	8	8	8	8	9	9	9
	3	9	9	9	9	9	9	9	9

Tabela 3.6 Avaliação B – escore tronco, pernas e pescoço. *Fonte:* McAtammey e Corlett (1993).

B	Tronco											
	1		2		3		4		5		6	
	Pernas		Pernas		Pernas		Pernas		Pernas		Pernas	
Pescoço	1	2	1	2	1	2	1	2	1	2	1	2
1	1	3	2	3	3	4	5	5	6	6	7	7
2	2	3	2	3	4	5	5	5	6	7	7	7
3	3	3	3	4	4	5	5	6	6	7	7	7
4	5	5	5	6	6	7	7	7	7	7	8	8
5	7	7	7	7	7	8	8	8	8	8	8	8
6	8	8	8	8	8	8	8	9	9	9	9	9

Tabela 3.7 Avaliação C – escore final. *Fonte:* McAtammey e Corlett (1993).

C	1	2	3	4	5	6	7+
1	1	2	3	3	4	5	5
2	2	2	3	4	4	5	5
3	3	3	3	4	4	5	6
4	3	3	3	4	5	6	6
5	4	4	4	5	6	7	7
6	4	4	5	6	6	7	7
7	5	5	6	6	7	7	7
8+	5	5	6	7	7	7	7

A interpretação dos resultados, segundo a ferramenta RULA, leva em conta a pontuação a seguir:

♦ 1 ou 2: aceitável;
♦ 3 ou 4: investigar;
♦ 5 ou 6: investigar e mudar logo; e
♦ 7: investigar e mudar imediatamente.

Segundo McAtamney e Corlett (1993) e Ligeiro (2010), a aplicação do RULA é dividida em três etapas:

Etapa 1 – Observar e selecionar a(s) postura(s)

A avaliação representa um momento no ciclo de trabalho, e é importante observar as posturas adotadas na realização das tarefas antes de selecionar a(s) postura(s) para a avaliação. Segundo o tipo de estudo, a postura selecionada pode ser aquela que é mantida por mais tempo ou a que parece ser a pior postura. Em alguns casos, quando o ciclo de trabalho é longo ou as posturas são variadas, pode ser mais apropriado realizar uma avaliação periódica.

Depois de uma observação criteriosa da atividade do trabalho durante vários ciclos, a seleção das posturas a serem analisadas refere-se às posturas mantidas durante o maior tempo no ciclo de trabalho, ou seja, posturas em que ocorrem as maiores cargas/forças e a postura mais exigente assumida (com a presença de ângulos articulares extremos). Em seguida a esse estudo detalhado e do registro da seleção da atividade e das posturas pretendidas, o RULA pode ser aplicado preenchendo o registro/avaliação de risco.

Etapa 2 – Escore e registro da postura

A ferramenta permite a avaliação unilateral, entretanto, se existir vários fatores de risco relativos à postura assumida ou atividade exercida para ambos os lados, é importante avaliar cada um deles separadamente. Pode-se, também, executar vários registros para um mesmo ambiente de trabalho e, consequentemente, obter várias classificações das componentes principais da atividade de cada posto avaliado.

O formulário de registro/avaliação do RULA é separado em duas divisões corporais: grupo A (membro superior: braço, antebraço e punho – direito ou esquerdo) e grupo B (região cervical, tronco e membros inferiores). O número de movimentos em cada segmento corporal é apresentado em seções, de acordo com os critérios descritos para as diferentes zonas corporais, e o resultado final é obtido pela soma desses resultados, conforme observou-se anteriormente.

Etapa 3 – Nível de ação

A pontuação final pode ser comparada com o nível da ação a ser tomada, porém deve-se lembrar de que, uma vez que o corpo humano é um sistema complexo e adaptativo, é preciso cautela para qualquer tipo de ação a ser tomada. A variabilidade humana deve ser considerada dentro de uma investigação mais detalhada, a fim de garantir um controle eficiente e eficaz de quaisquer riscos identificados.

A interpretação da avaliação de risco é derivada dos resultados parciais do grupo A, que preenche a Tabela 3.5 e do grupo B, que preenche a Tabela 3.6, nos quais são inseridos na Tabela 3.7, juntamente com os resultados de esforço muscular, de força exercida e da repetitividade individualmente, e assim obtém-se o escore final de risco para a ferramenta RULA.

A classificação final apresenta-se com os seguintes valores:

♦ 1 ou 2 – ambiente de trabalho aceitável (área verde);

♦ 3 ou 4 – ambiente de trabalho a investigar (área amarela);

♦ 5 ou 6 – ambiente de trabalho a investigar e alterar rapidamente (área laranja);

♦ 7 – ambiente de trabalho a investigar e alterar urgentemente (área vermelha).

Na Figura 3.4 é apresentada uma planilha do RULA, mostrando as diferentes posturas descritas neste tópico. Essa planilha pode ser aplicada eletronicamente, facilitando a análise do empregado, pois os resultados apresentados neste tópico são computados automaticamente.

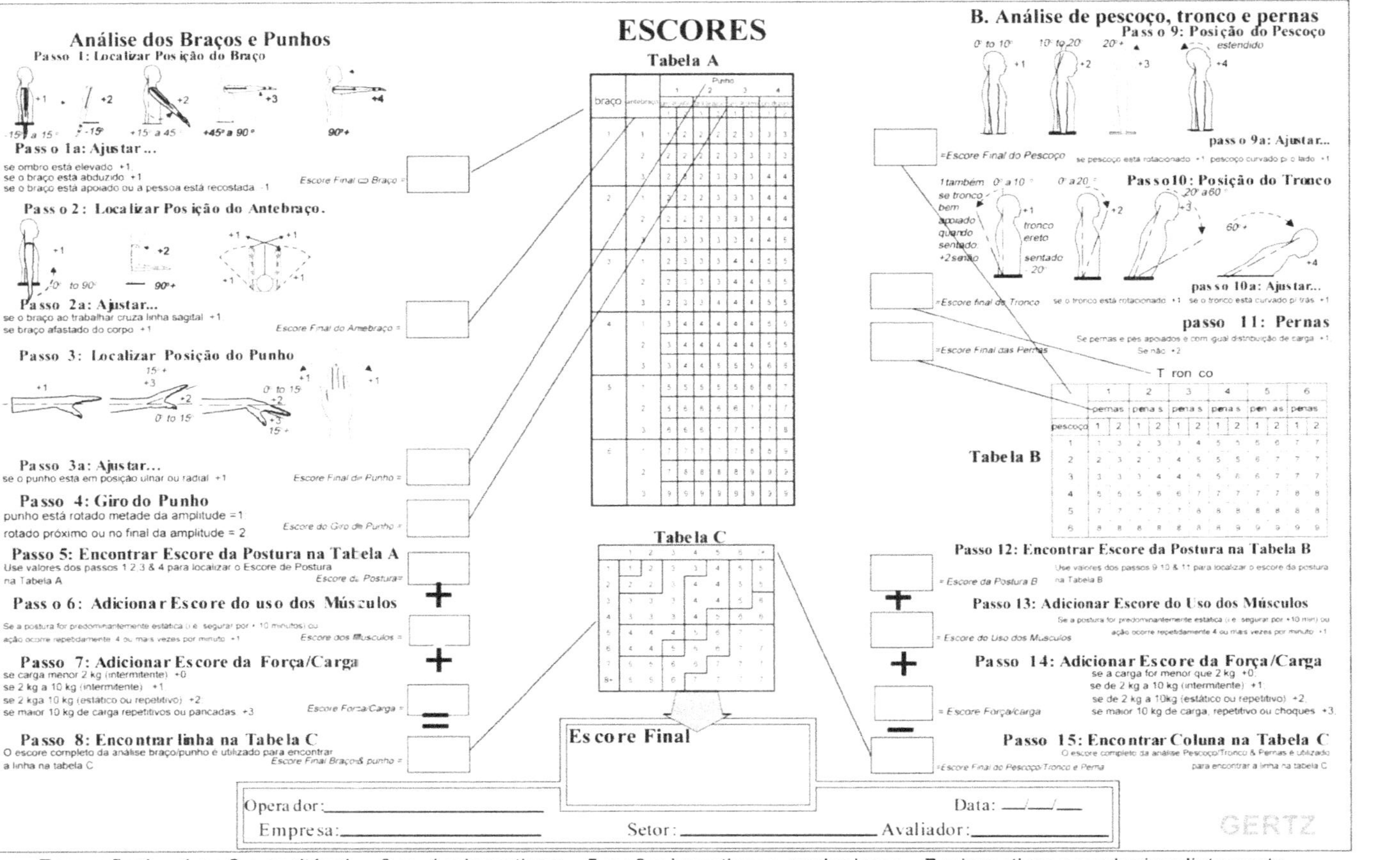

Escore final: 1 ou 2 = aceitável;   3 ou 4 = investigar;   5 ou 6 = investigar e mudar logo;   7 = investigar e mudar imediatamente

Figura 3.4 Planilha RULA de acompanhamento do funcionário. *Fonte:* Alan Hedge – Cornell University (2001).

3.4 Suzanne Rodgers

O método de avaliação ergonômica desenvolvido por Suzanne Rodgers, em 1992, é baseado na análise do nível dos segmentos corporais, através do nível de esforço, da duração e da frequência desses esforços. O grupamento muscular avaliado pelo método inclui: pescoço; ombros; tronco; braços; mãos, punho e dedos; e pernas, pés e dedos.

O nível de esforço no ambiente de trabalho pode ser classificado como: 1) baixo (0 a 30% dos músculos exigidos), 2) moderado (30 a 70% dos músculos exigidos) ou 3) pesado (quando mais de 70% dos músculos trabalham).

O tempo de esforço é classificado em função do período em que um segmento do corpo permanece ativo em uma tarefa, antes de uma pausa, sendo contabilizado o tempo total do esforço. Segue a classificação: 1 (0 a 6 s), 2 (6 a 20 s) 3 (20 a 30 s) e 4 (> 30 s).

A frequência dos esforços é estabelecida em 1, quando o número de esforços não passar de 1; em 2, quando o número de esforços for de 1 a 5; ou em 3, quando o número de esforços passar de 5.

A partir da observação dos segmentos corpóreos, o avaliador estabelece a prioridade de adequação pela seguinte escala: verde (risco irrelevante), amarelo (risco moderado), vermelho (risco alto) e púrpura (risco muito alto), conforme demonstra a Tabela 3.8. Pretende-se, assim, classificar se a tarefa envolve de fato um risco ergonômico e se este é potencialmente prejudicial à qualidade de vida dos operadores.

Tabela 3.8 Avaliação ergonômica pelo método Suzanne Rodgers. *Fonte:* Ligeiro, 2010 (adaptada).

Grupamento Muscular Avaliado	Nível de Esforço		Tempo de Esforço		Esforço por Minuto		Resultado
	1 - Leve		1 - 0 a 6 s		1 - 0 a 1		
	2 - Moderado		2 - 6 a 20 s		2 - 1 a 5		
	3 - Pesado		3 - 20 a 30 s		3 - 5 a 15		
			4 - > 30 s		4 - > 15		
	D	E	D	E	D	E	
Pescoço							
Costas							
Ombros							
Braços e antebraços							
Mãos, punhos e dedos							
Pernas, joelhos e pés							

Grupo A (Verde)		
Outras Combinações		
Grupo B (Amarelo)		
123	213	232
132	222	312
213	231	
Grupo C (Vermelho)		
223	321	
313	322	
Grupo D (Púrpura)		
323	332	X4X ou XX4
331	333	

O nível de esforço nos diferentes segmentos corpóreos pode ser mensurado com a ajuda da Tabela 3.9.

Tabela 3.9 Nível de esforço. *Fonte:* Ligeiro, 2010 (adaptada).

	Baixo (0 a 30%)	Moderado (30-70%)	Pesado (70-100%)
Pescoço	A cabeça gira parcialmente A cabeça está ligeiramente para frente	A cabeça gira totalmente para o lado A cabeça está totalmente para trás A cabeça está para frente aproximadamente 20°	Igual ao moderado, porém com aplicação de força A cabeça está flexionada acima de 20°
Ombros	Braços ligeiramente abduzidos Braços estendidos com algum suporte	Braços abduzidos sem suporte Braços flexionados (nível do ombro)	Aplica força ou sustenta pesos com os braços separados do corpo
Tronco	Inclina ligeiramente para o lado Flexiona ligeiramente o tronco	Flexiona para frente sem carga Levanta carga de peso moderado próximo ao corpo Trabalho próximo ao nível da cabeça	Levantando ou aplicando força com rotação Grande força com flexão do tronco
Braços e antebraços	Braços ligeiramente afastados do corpo sem carga Aplicação de pouca força ou levantando pequena carga próxima ao corpo < 1 kg	Rotação do braço, exigindo força moderada (Força entre 1 e 2 kg)	Aplicação de grande força com rotação Levantamento de cargas com os braços estendidos (F > 2 Kgf)
Mãos, punhos, dedos	Aplicação de pequena força em objetos próximos ao corpo Punho reto, com aplicação de força para pega pequena (< 1 kg)	Área de pega grande ou estreita Moderado ângulo do punho especialmente em flexão Uso de luvas com força moderada (1 kg < F < 2 kg)	Aplica força ou sustenta peso (s) com os braços separados do corpo ou ao nível da cabeça.
Pernas, joelhos, dedos	Parado, caminhando sem se flexionar Peso do corpo sobre os dois pés	Flexão para frente Inclinar-se sobre a mesa de trabalho Peso do corpo sobre um pé Girar o corpo sem exercer força	Exercendo grandes forças para levantamento de algum objeto Agachar-se exercendo força
Tornozelos, pés, dedos	Parado, caminhando sem se flexionar Peso do corpo sobre os dois pés	Flexão para frente Inclinar-se sobre a mesa de trabalho Peso do corpo sobre um pé Girar o corpo sem exercer força	Exercendo grandes forças para levantamento de algum objeto Agachar-se exercendo força

3.5 OWAS

O sistema OWAS (*Ovako Working Analysing System*) é uma técnica prática de registro e análise de posturas desenvolvida por três pesquisadores finlandeses, Karhu, Kansi e Kuorinka, em 1977. A postura do corpo como um todo é descrita por um código de seis dígitos. Os quatro dígitos iniciais classificam a postura do dorso (1 a 4), dos braços (1 a 3), das pernas (1 a 7) e da carga/força (1 a 3). Os dois dígitos finais indicam o tipo de atividade (01, 02, ...99), ou o código do local ou seção onde foi feita a observação. As 252 combinações (4 x 3 x 7 x 3) de posturas possíveis são classificadas em quatro categorias de ação que indicam o grau de necessidade de atuação para melhoria. O método baseia-se em observações das posturas a intervalos predefinidos (em geral, a cada 30 s) e assume que são feitas no mínimo cem observações. Cada uma dessas observações é avaliada e classificada. As posturas são ilustradas na Figura 3.5.

A seguir foram avaliadas várias posturas quanto ao quesito desconforto. Para isso, foi utilizado um boneco manequim que poderia ser colocado nas diversas posturas estudadas. Uma equipe composta por 32 trabalhadores era responsável pelas avaliações quanto ao desconforto de cada postura. Em cada sessão, realizavam, em dupla, avaliações utilizando uma escala de quatro pontos, com os seguintes extremos: "postura normal sem desconforto e sem efeito danoso à saúde" e "postura extremamente ruim, provoca desconforto em pouco tempo e pode causar doenças". A partir desses apontamentos, as posturas foram classificadas em:

♦ Classe 1 – Postura normal, que dispensa cuidados, a não ser em casos excepcionais.

♦ Classe 2 – Postura que deve ser verificada durante a próxima revisão rotineira dos métodos de trabalho.

♦ Classe 3 – Postura que deve merecer atenção a curto prazo.

♦ Classe 4 – Postura que deve merecer atenção imediata.

Essas classes supracitadas dependem do tempo de duração das posturas, em percentagens da jornada de trabalho (Tabela 3.10) ou pela combinação das quatro variáveis (dorso, braços, pernas e carga), conforme se vê na Tabela 3.11.

Figura 3.5 Sistema OWAS para o registro da postura. Cada postura é descrita por um código de seis dígitos, representando posições do dorso, braços, pernas e carga. Os dois últimos dígitos indicam o local onde a postura foi observada. *Fonte:* Karhu, Kansi e Kuorinka (1977).

Tabela 3.10 Sistema OWAS: classificação de acordo com a duração das posturas. *Fonte:* lida (2016).

DURAÇÃO MÁXIMA (% da jornada de trabalho)		10	20	30	40	50	60	70	80	90	100
DORSO	1. Dorso reto	1	1	1	1	1	1	1	1	1	1
	2. Dorso inclinado	1	1	1	2	2	2	2	2	3	3
	3. Dorso reto e torcido	1	1	2	2	2	3	3	3	3	3
	4. Inclinado e torcido	1	2	2	3	3	3	3	4	4	4
BRAÇOS	1. Dois braços para baixo	1	1	1	1	1	1	1	1	1	1
	2. Um braço para cima	1	1	1	2	2	2	2	2	3	3
	3. Dois braços para cima	1	1	2	2	2	2	2	3	3	3
PERNAS	1. Duas pernas retas	1	1	1	1	1	1	1	1	1	2
	2. Uma perna reta	1	1	1	1	1	1	1	1	2	2
	3. Duas pernas flexionadas	1	1	1	2	2	2	2	2	3	3
	4. Uma perna flexionada	1	2	2	3	3	3	3	4	4	4
	5. Uma perna ajoelhada	1	2	2	3	3	3	3	4	4	4
	6. Deslocamento com as pernas	1	1	2	2	2	3	3	3	3	3
	7. Duas pernas suspensas	1	1	1	1	1	1	1	1	2	2

Tabela 3.11 Sistema OWAS: classificação das posturas pela combinação de variáveis. *Fonte:* lida (2016).

Dorso	Braços	1			2			3			4			5			6			7			Pernas
		1	2	3	1	2	3	1	2	3	1	2	3	1	2	3	1	2	3	1	2	3	Cargas
1	1	1	1	1	1	1	1	1	1	1	2	2	2	2	2	2	1	1	1	1	1	1	
	2	1	1	1	1	1	1	1	1	1	2	2	2	2	2	2	2	1	1	1	1	1	
	3	1	1	1	1	1	1	1	1	1	2	2	3	2	2	3	2	1	1	1	1	2	
2	1	2	2	3	2	2	3	2	2	3	3	3	3	3	3	3	2	2	2	1	3	3	
	2	2	2	3	2	2	3	2	3	3	3	4	4	3	4	4	3	3	4	2	3	4	
	3	3	3	4	2	2	3	3	3	3	3	4	4	4	4	4	4	4	4	2	3	4	
3	1	1	1	1	1	1	1	1	1	2	3	3	3	4	4	4	1	1	1	1	1	1	
	2	2	2	3	1	1	1	1	1	2	4	4	4	4	4	4	3	3	3	1	1	1	
	3	2	2	3	1	1	1	2	3	3	4	4	4	4	4	4	4	4	4	1	1	1	
4	1	2	3	3	2	2	3	2	2	3	4	4	4	4	4	4	4	4	4	2	3	4	
	2	3	3	4	2	3	4	3	3	4	4	4	4	4	4	4	4	4	4	2	3	4	
	3	4	4	4	2	3	4	3	3	4	4	4	4	4	4	4	4	4	4	2	3	4	

O procedimento descrito foi aplicado para identificar e solucionar os principais focos de problemas, por um biênio, na empresa siderúrgica onde trabalhavam os pesquisadores. Os resultados levaram à melhoria do conforto e contribuíram para a remodelação de algumas linhas de produção, que apresentavam maior gravidade. Com essa técnica, foi possível identificar e solucionar questões que estavam pendentes há tempos e para as quais as tentativas anteriores não foram bem-sucedidas.

4. Antropometria

A antropometria aborda as medidas e dimensões físicas do corpo humano. A origem da antropometria remonta à antiguidade, pois egípcios e gregos já estudavam a relação das diversas partes do corpo. Já o reconhecimento dos biotipos remonta aos tempos registrados em livros bíblicos, e o nome de muitas unidades de medida utilizadas hoje em dia é derivado de segmentos do corpo. As medidas ganharam especial importância na década de 1940, provocada, de um lado, pela necessidade da produção em massa, pois um produto mal dimensionado pode elevar os custos, e de outro, devido ao surgimento de sistemas de trabalho mais complexos e avançados, em que o desempenho humano é crítico e o desenvolvimento desses sistemas depende das dimensões antropométricas dos seus operadores.

A contribuição da ciência das medidas vem sendo cada vez mais valorizada na história das civilizações. Cabe ressaltar que ao estatístico belga Quételet é creditada a fundação da ciência e a invenção do próprio termo "antropometria", com a publicação, em 1870, da sua obra *Antropometria*, que representa a primeira pesquisa em somatometria em grande escala. A antropometria origina-se na antropologia física que, como registro e ciência comparada, remonta às viagens de Marco Polo (1273-1295), que desvendou um grande número de raças humanas diferentes em tamanho e constituição, e na antropologia racial comparativa inaugurada por Linné, Buffon e White, no século XVIII, que demonstrava que havia diferenças nas proporções corporais de várias raças humanas

4.1 Antropometria e sua utilização na ergonomia

Entre os séculos XIX e XX houve o desenvolvimento e a ampliação do interesse por estudos detalhados do homem vivo e suas características quanto ao esqueleto. As estatísticas fornecidas pelos médicos militares de recrutas são extremamente relevantes, pois relacionam as dimensões corporais com a ocupação (antropologia ocupacional). Foram notáveis os estudos realizados no decorrer da Guerra Civil americana e na Primeira e Segunda Guerras Mundiais.

No mesmo intervalo de tempo, quando se estudaram as dimensões corporais estáticas, um interesse no estudo dos movimentos foi se manifestando. Em vários desses estudos, a ênfase foi na aplicação de movimentos corporais no melhor desempenho do trabalho. Esse interesse, sintetizado na aplicação das ciências físicas em vez das ciências biológicas, foi abruptamente classificado num grupo de atividades chamado de engenharia. Muitos estudos das dimensões corporais do final dos 1800 e início dos 1900 tinham objetivos relacionados com produtos comerciais, prontuários médicos ou seleção para o serviço militar. Essas pesquisas, muitas delas antropológicas, tiveram seu viés voltado para a definição dos efeitos das dimensões corporais na construção e utilização de equipamentos militares. Esses mesmos estudos auxiliaram no desenvolvimento de disciplinas tais como psicologia, antropologia, fisiologia e medicina vinculadas à engenharia. O resultado desse desenvolvimento foi nomeado nos Estados Unidos de "engenharia humana", e de "ergonomia" na maioria dos outros países, como a França, por exemplo.

A Segunda Guerra Mundial trouxe uma nova batelada de problemas que envolviam o homem, a máquina e o meio ambiente, fomentando a necessidade de integração das ciências da vida para aplicações de engenharia. Somando-se a problemas como a definição das dimensões de roupas para a tropa, um avançado número de acidentes na operação de aeronaves iluminou a necessidade de estudo das suas causas. Uma equipe de profissionais multidisciplinares passou a estudar as ações do homem sob o estresse de comandar a aeronave e identificou a complexidade dos modernos equipamentos militares, que foram concebidos fora da capacidade do homem para operá-los. Dentre outros problemas, observou-se que as cabines possuíam dimensões menores que as necessárias para muitos pilotos, dificultando ou impedindo muitos movimentos. Finda a Segunda Guerra Mundial, a intenção em adaptar a máquina ao homem tornou-se melhor desenvolvida com olhares comerciais e militares levando em consideração não somente as medidas corporais, mas também os fatores fisiológicos e psicológicos envolvidos.

Uma das aplicabilidades das medidas antropométricas na ergonomia é no dimensionamento do espaço de trabalho. Espaço de trabalho pode ser definido como sendo o espaço imaginário necessário para realizar os movimentos requeridos pelo trabalho.

No espaço de trabalho, as superfícies horizontais são de especial importância, pois é sobre ela que se realiza grande parte do trabalho. Na mesa de trabalho, os equipamentos devem estar posicionados de forma correta, dentro da área de alcance, que corresponde a aproximadamente 35-45 cm com os braços caídos normalmente e de 55 a 65 cm com os braços estendidos girando em torno do ombro.

A altura da mesa também é muito importante, principalmente para o trabalho sentado, sendo duas as variáveis responsáveis pela determinação da sua altura: a altura do cotovelo, que depende da altura do assento, e o tipo de trabalho a ser executado. A altura da mesa resulta da soma da altura poplítea e da altura do cotovelo. Com relação ao tipo de trabalho deve-se considerar se este será realizado no nível da mesa ou em elevação.

O assento é, provavelmente, uma das invenções que mais contribuíram para melhorar o comportamento humano. Muitas pessoas chegam a passar mais de 20 horas por dia na posição sentada e deitada, daí o grande interesse dos pesquisadores da ergonomia pelo assento. Na posição sentada, o corpo entra em contato com o assento só através da sua estrutura óssea. Esse contato é feito através das tuberosidades isquiáticas, que são recobertas por uma fina camada de tecido muscular e uma pele grossa, adequada para suportar grandes pressões. Em apenas 0,25 m² de superfície concentra-se 75% do peso total do corpo.

Com relação aos assentos, deve-se observar os seguintes princípios gerais:

- existe um assento adequado para cada tipo de função;
- as dimensões do assento devem ser adequadas às dimensões antropométricas;
- o assento deve permitir variações de postura;
- o encosto deve ajudar no relaxamento; e
- assento e mesa formam um conjunto integrado.

Inúmeros dados antropométricos podem ser utilizados na concepção dos espaços de trabalho, mobília, ferramentas e produtos de forma geral; na maioria dos casos pode-se utilizá-los no projeto industrial. Contudo, devido à abundância de variáveis, é importante que os dados sejam os que melhor se adaptem aos usuários do espaço ou objetos. Por isso, é necessário definir com exatidão a natureza da população a que se pretende atender em função da idade, sexo, trabalho e raça. Por vezes, quando o usuário é um indivíduo ou um grupo reduzido de pessoas e estão presentes algumas situações especiais, o levantamento da informação antropométrica é importante, principalmente quando o projeto envolve um grande investimento econômico.

Embora muitas das aplicações de engenharia utilizem técnicas desenvolvidas pelos primeiros antropologistas, têm ocorrido muitas mudanças na forma de obter dados e principalmente nos instrumentos desenvolvidos para atender a necessidades específicas. Em especial, a necessidade de estabelecer relações espaciais em coordenadas tridimensionais foi desenvolvida como aplicação da antropometria na engenharia. Os engenheiros devem saber trabalhar não somente com os comprimentos do corpo, mas também saber onde eles estão localizados durante a atividade física.

A antropometria possui uma importância muito grande no planejamento do posto de trabalho e no desenvolvimento de projetos de ferramentas e equipamentos. As relações entre antropometria clássica, a biomecânica e engenharia antropométrica são tão estreitas e inter-relacionadas que é difícil, e muitas vezes desnecessário, delimitá-las. A antropologia física é, obviamente, a base para cada uma delas, e a designação do ambiente humano para atender às suas dimensões e atingir as suas capacidades é o resultado.

Nos últimos anos, o desenvolvimento dos computadores permitiu um melhor tratamento dos dados obtidos em grandes levantamentos e também o desenvolvimento de modelos matemáticos dos fenômenos antropométricos. No futuro, certamente as atividades antropométricas continuarão no estudo de características populacionais e das condições de conforto destas.

Nas áreas de tecnologia avançada haverá aumento da precisão e da automatização das técnicas de medida com o desenvolvimento de *scanners* para uma melhor definição do tamanho humano e da mecânica do espaço de trabalho, roupas, equipamentos e ferramentas.

4.2 Antropometria na atualidade

Se durante a década de 1940 as medidas antropométricas procuravam encontrar as médias de uma população, como peso, estatura, etc., nos dias atuais o interesse está centrado nas diferenças entre grupos e nas influências de variáveis como raça, região geográfica e cultura. Toda população é formada de indivíduos diferentes. Até pouco tempo havia a preocupação em estabelecer padrões nacionais, mas, com a globalização da economia, produtos, como, por exemplo, computadores, automóveis e aviões, são vendidos no mundo todo. Este fato obriga indústrias a pensarem mais amplamente. Ao projetar um produto é necessário considerar que os consumidores podem estar em qualquer lugar do mundo e que não existem medidas confiáveis para a população mundial, pois grande parte das medidas disponíveis é oriunda de contingentes das Forças Armadas, o que limita bastante, pois essa população caracteriza-se por ser predominantemente do sexo masculino, na faixa dos 18 aos 30 anos, e que atenderam aos critérios para recrutamento militar, como peso e estatura mínimos.

Sempre que possível, deve-se realizar as medidas antropométricas da população para a qual está sendo elaborado o projeto de um produto ou equipamento, pois equipamentos fora das características dos usuários podem levar a estresse desnecessário e até provocar acidentes graves. Normalmente, as medidas antropométricas são representadas pela média e o desvio-padrão, porém a utilidade dessas medidas depende do tipo de projeto em que vão ser aplicadas.

Projetos para o tipo "médio"

O "homem médio" ou "padrão" é uma abstração, pois poucas pessoas se encaixam nesse perfil, porém uma cadeira construída para a pessoa média vai provocar menos incômodos para os muito grandes e para os muito pequenos do que se fosse feita para um gigante ou para um anão. Não será uma condição ótima para todas as pessoas, mas levará a menos inconvenientes do que se fosse feita para pessoas maiores ou menores em relação à média.

Projetos para indivíduos extremos

Uma saída de emergência projetada para a média, provavelmente, não atenderá a um indivíduo grande. Ou um determinado painel de controle projetado para a população média poderá não ser alcançado por uma pessoa baixa. Nestes casos aplica-se o projeto para indivíduos extremos, maior ou menor, dependendo do fator limitativo do equipamento. Deve-se tentar atender a pelo menos 95% dos casos.

Projetos para faixas da população

São equipamentos normalmente desenvolvidos para cobrir a faixa de 5% a 95% de uma população. Por exemplo, bancos e cintos de automóveis. Desenvolver produtos para 100% da população gera dificuldades técnicas e econômicas que tornam o projeto inviável.

Projetos para o indivíduo

São produtos desenvolvidos especificamente para um indivíduo, por isso são raros no meio industrial. É o caso dos aparelhos ortopédicos e das roupas feitas sob medida. Proporcionam melhor adaptação do produto ao usuário, mas aumentam o custo e só são justificáveis em casos em que a possibilidade de falha teria consequências que deixariam o custo muito maior, como as roupas dos astronautas, de corredores de Fórmula 1, etc. Atualmente, com o avanço da manufatura aditiva (impressora 3D, dentre outras tecnologias), o projeto para indivíduos tende a se tornar algo mais palpável.

Do ponto de vista industrial, de larga escala, quanto mais padronizado for o produto, menores serão seus custos de produção e de estoque. O projeto para a média é baseado na ideia de que isso maximiza o conforto para a maioria. Na prática, isso não é verdade. Há diferença significativa entre as médias de homens e mulheres, e a adoção de uma média geral acaba beneficiando uma faixa ínfima da população, cujas médias encontram-se dentro da faixa da média adotada.

Nos casos de predominância de mulheres, é necessário adotar a média feminina, o que propiciará conforto para esse segmento. Até 1950, os automóveis eram dimensionados para motoristas do sexo masculino. A partir do momento em que o número de mulheres na direção foi aumentando, tornou-se necessário fazer uma adaptação ao projeto, aumentando a faixa de ajustes do banco.

4.3 Medidas

Em ergonomia, o conceito de "homem médio" não existe. Considera-se o "homem estatístico", resultante dos valores extremos, levando-se em conta a distribuição normal a 90% da população, ou seja, o intervalo compreendido entre os percentis referentes a 5% e 95% da população. Assim, os indivíduos mais altos (limite superior) são tomados como parâmetro na definição da altura de portas ou aberturas, e também espaços sob as mesas, e os indivíduos de dimensões menores (limite inferior) para definir as zonas de alcance, por exemplo, alturas e distâncias em superfícies.

O limite máximo da faixa de utilizadores no projeto seria, evidentemente, uma faixa de 100%, ou seja, toda a população de utilizadores. No entanto, para essa faixa, o projeto em geral é técnica e/ou ergonomicamente inviável. Por isso, num projeto objetiva-se, em princípio, sua adaptação às características dimensionais de, no mínimo, 90% dos utilizadores, ou seja, pessoas cujas dimensões variam entre os padrões 5% e 95%. O percentual de 5% significa que apenas 5% das pessoas que fazem parte do levantamento antropométrico considerado têm dimensões ou capacidades físicas inferiores à deste padrão 5%. Ou, ainda, que 95% das pessoas desse levantamento têm dimensões ou capacidades físicas superiores à deste padrão 5%. Em um mesmo sentido, o percentual 95% significa que 95% das pessoas do levantamento estatístico considerado têm dimensões ou capacidades físicas inferiores e que apenas 5% têm dimensões ou capacidades físicas superiores a este padrão.

A Figura 3.6 apresenta a curva normal, mostrando o intervalo compreendido entre os percentis referentes a 5% e 95% da população.

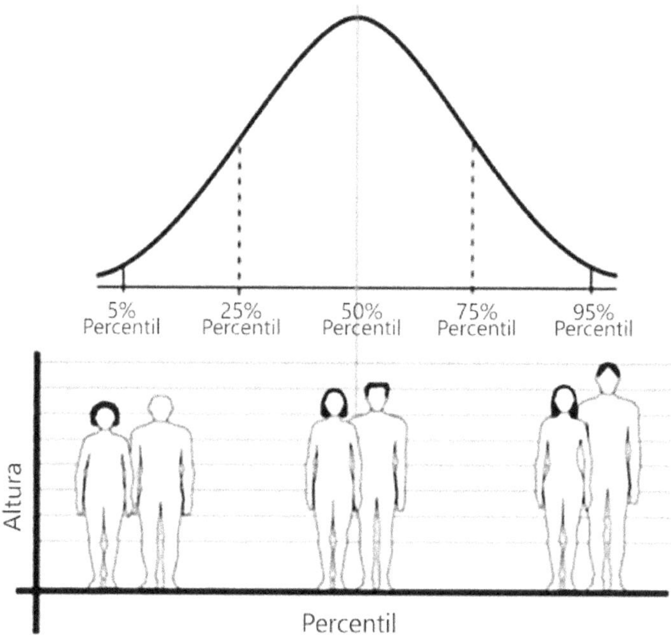

Figura 3.6 Curva de Gauss: 5% medida menor (homem ou mulher pequena), 95% medida maior (homem ou mulher grande).

As medidas antropométricas podem ser obtidas diretamente com o uso de tabelas padronizadas. Esses padrões são dados por diferentes normas técnicas nacionais e internacionais. No Brasil destacamos a norma da ABNT NBR 6068:2015 –

Veículos rodoviários – Massas e dimensões de adultos que estabelece uma coletânea de dados antropométricos à indústria automobilística e a outras partes interessadas, de uma população representativa, dados esses ordenados sob critérios de pesos e dimensões de adultos, com o objetivo de possibilitar a sua adequada acomodação dentro dos veículos, seja como passageiro, seja como condutor. Outra norma de destaque no território nacional é a NBR ISO 7250-1:2010, que traz as medidas básicas do corpo humano para o projeto técnico. Esta norma destina-se a servir como um guia para os ergonomista quanto à definição de grupos populacionais e quanto à aplicação de seus conhecimentos para o projeto geométrico dos locais onde as pessoas trabalham e vivem.

Um lugar de destaque, dentro das publicações relevantes em Antropometria, está o *software* Ergokit desenvolvido pelo Instituto Nacional de Tecnologia (INT), resultado de uma extensa pesquisa sobre o levantamento antropométrico da população brasileira feito pelo Instituto, em conjunto com o Ministério do Exército, entre 1987 e 1990 (INSTITUTO NACIONAL DE TECNOLOGIA, 2005).

Em relação às medidas antropométricas da população brasileira, diversos levantamentos já foram realizados, quase sempre restritos a determinadas regiões e ocupações profissionais. O INT (Instituto Nacional de Tecnologia) realizou, por exemplo, um estudo das medidas de antropometria estática (5°, 50° e 95°) de trabalhadores brasileiros com base em uma amostra de 3.100 trabalhadores do Rio de Janeiro. Essas medidas são apresentadas na Tabela 3.12.

Tabela 3.12 Medidas de antropometria estática (5°, 50° e 95°) de trabalhadores brasileiros. *Fonte:* lida (2016).

	Medidas de antropometria estática (cm)	Homens 5°	Homens 50°	Homens 95°
CORPO EM PÉ	1,0 Peso (kg)	52,3	66,0	85,9
	1,1 Estatura, corpo ereto	159,5	170,0	181,0
	1,2 Altura dos olhos, em pé, ereto	149,0	159,5	170,0
	1,3 Altura dos ombros, em pé, ereto	131,5	141,0	151,0
	1,4 Altura do cotovelo, em pé ereto	96,5	104,5	112,0
	1,7 Comprimento do braço na horizontal, até a ponta dos dedos	79,5	85,5	92,0
	1,8 Profundidade do tórax (sentado)	20,5	23,0	27,5
	1,9 Largura dos ombros (sentado)	40,2	44,3	49,8
	1,10 Largura dos quadris, em pé	29,5	32,4	35,8
	1,11 Altura entre pernas	71,0	78,0	85,0
CORPO SENTADO	2,1 Altura da cabeça, a partir do assento, corpo ereto	82,5	88,0	94,0
	2,2 Altura dos olhos, a partir do assento, corpo ereto	72,0	77,5	83,0
	2,3 Altura dos ombros, a partir do assento, ereto	55,0	59,5	64,5
	2,4 Altura do cotovelo, a partir do assento	18,5	23,0	27,5
	2,5 Altura do joelho, sentado	49,0	53,0	57,5
	2,6 Altura poplítea, sentado	39,0	42,5	46,5
	2,8 Comprimento nádega-poplítea	43,5	48,0	53,0
	2,9 Comprimento nádega-joelho	55,0	60,0	65,0
	2,11 Largura das coxas	12,0	15,0	18,0
	2,12 Largura entre cotovelos	39,7	45,8	53,1
	2,13 Largura dos quadris (em pé)	29,5	32,4	35,8
PÉS	5,1 Comprimento do pé	23,9	25,9	28,0
	5,2 Largura do pé	9,3	10,2	11,2

5. Cases

Indústria automotiva

Um estudo de caso foi conduzido dentro de uma indústria automobilística, no laboratório de metalurgia. Este laboratório atende a todo o departamento de engenharia de materiais e dispõe de ampla estrutura que permite a realização de ensaios laboratoriais diversos em materiais metálicos e não metálicos. São ensaios para homologação e análise de falhas de peças dos veículos. Para a realização dessas análises, operações de corte, lixamento, polimento são realizadas no laboratório. As operações de corte de peças metálicas e não metálicas estão entre as mais perigosas do departamento. Equipamentos de corte, como serra de fita e máquinas de corte de disco abrasivo, podem provocar acidentes de trabalho e doenças ocupacionais em nível postural.

Como não se trata de um setor de produção, a frequência em que são realizadas operações de corte são baixas, cerca de 1 a 5 vezes por dia, dependendo da demanda de peças para análise. O tamanho e peso das peças a serem analisadas também varia. Além disso, o tempo de corte é variado e dependerá do tamanho, material e tipo das regiões que devem ser cortadas para análises.

Com o objetivo de analisar o comportamento postural durante operações de corte de peças metálicas, dentro de um laboratório metalúrgico de uma grande indústria automobilística, foi aplicada a ferramenta de avaliação ergonômica RULA, durante a operação de corte de um eixo traseiro de um carro de passeio, utilizando uma serra de fita. A peça e o equipamento de corte são mostrados nas Figuras 3.6 e 3.7. A frequência de análises desse tipo de peça é baixa e depende muito da demanda de análises da empresa. Entretanto, o corte de um eixo traseiro foi escolhido por se tratar de uma peça pesada (mais de 10 kg) e de elevada complexidade de corte, apresentando regiões maciças de diâmetros que variam de 2 (chapas) a 30 mm (barra de torção).

O departamento médico da empresa foi consultado para verificar se houve acidentes e queixas com relação à postura durante as operações de corte. Foram encontrados apenas relatos oficiais de acidentes de trabalho referentes a cortes superficiais nos dedos. Apesar de não existirem queixas concretas de problemas de postura no departamento médico, queixas posturais foram levantadas durante as reuniões do comitê de ergonomia. Relatos de cansaço físico também foram dados pelos empregados. O período de análise correspondeu à operação de corte de um eixo traseiro em serra de fita em aproximadamente 15 minutos.

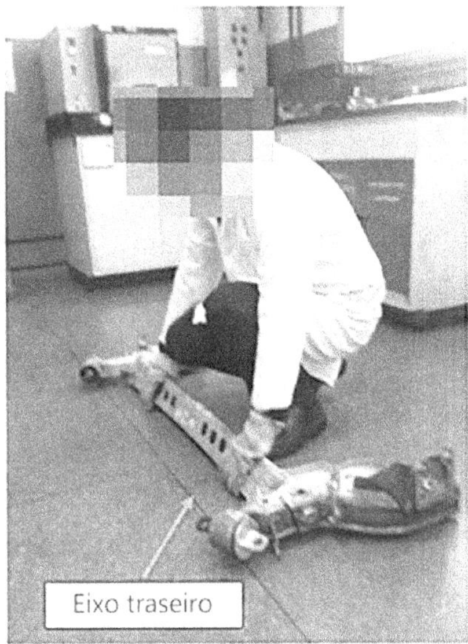

Figura 3.7   Eixo traseiro analisado durante a operação de corte em serra de fita.

Figura 3.8   Equipamento de corte: serra de fita modelo ERGOP.

A seguir são apresentados os registros fotográficos durante a operação de corte do eixo traseiro na serra de fita. Para cada registro foram levantadas as pontuações seguindo o método RULA para braços, punhos, pescoço, tronco e pernas. O tempo de operação foi de aproximadamente 15 minutos.

Análise dos braços e punhos

Passo 1: posição do braço/Passo 1a: ajustar

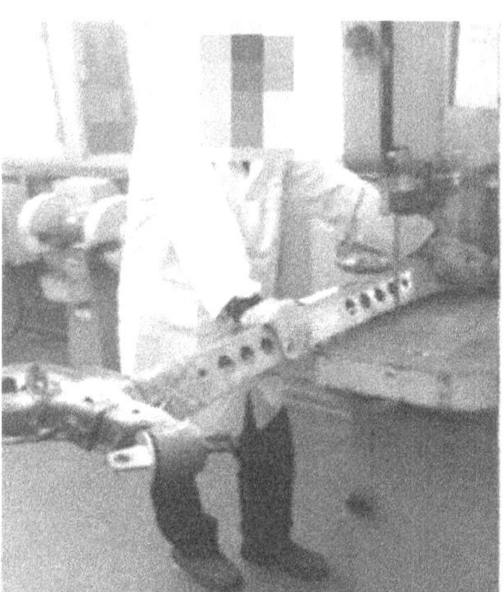

Passo 1: Posição do braço

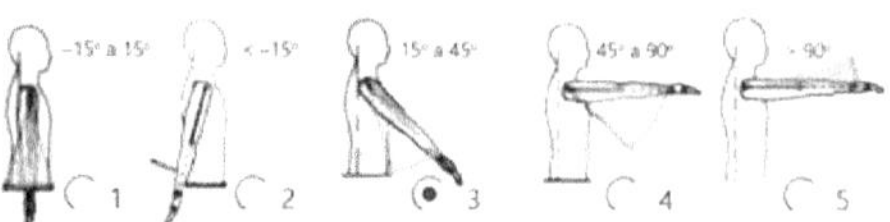

Registro encontrado: 15 a 45°, 3

Passo 1a: Ajustar
ombro elevado   +1
braço abduzido   +1
braço apoiado ou
    pessoa recostada   -1

Registro encontrado: não se aplica, 0

Figura 3.9   Avaliação da posição do braço segundo o método RULA.

Passo 2: posição do antebraço/Passo 2a: ajustar

Passo 2: Posição do antebraço

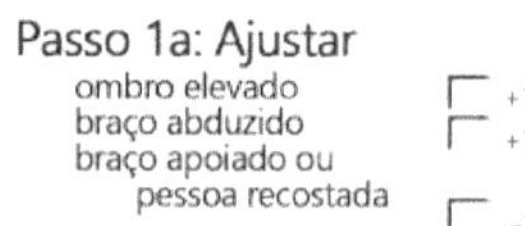

Registro encontrado: 0 a 90°, 1

Passo 2a: Ajustar

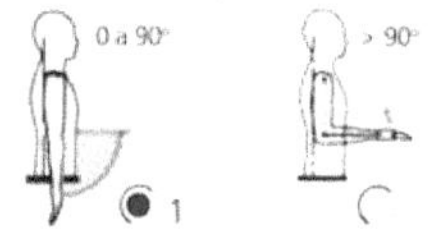

braço se   braço cruza
afasta do corpo   linha sagital

Registro encontrado: braço se afasta do corpo, +1

Figura 3.10   Avaliação da posição do antebraço segundo o método RULA.

Passo 3: posição do punho/Passo 3a: ajustar

Passo 3: Posição do Punho

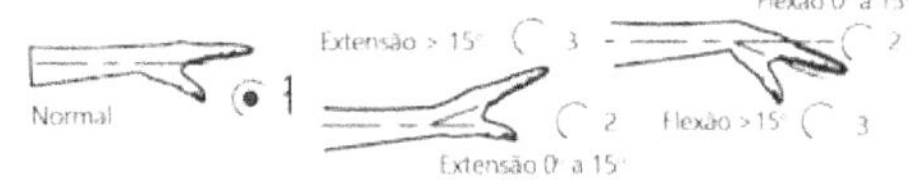

Registro encontrado: normal, 1

Passo 3a: Ajustar

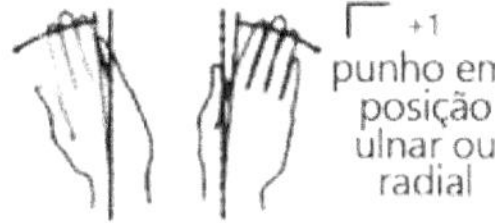

Registro encontrado: não se aplica, 0

Figura 3.11 Avaliação da posição do punho segundo o método RULA.

Passo 4: giro do punho

Passo 4: Giro do punho

Registro encontrado: punho rotacionado
metade da amplitude, 1

Passo 4a: Ajustar

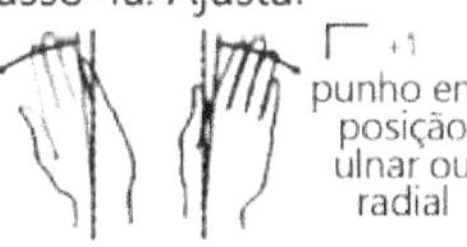

Registro encontrado: não se aplica, 0

Figura 3.12 Avaliação da posição do giro do punho segundo o método RULA.

Passo 5: encontrar a pontuação da postura na Tabela A

Através dos valores obtidos nos passos 1, 2, 3 e 4, encontramos um valor na Tabela A do método RULA.

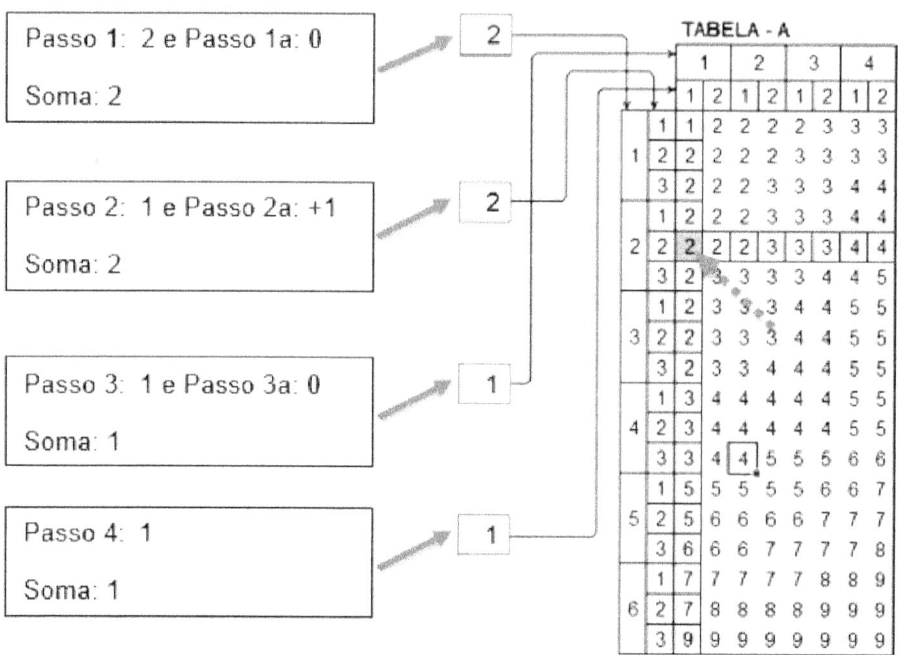

Figura 3.13 Passo 5 para encontrar a pontuação da Tabela A do método RULA.

Passo 6: adicionar pontuação do uso dos músculos

De acordo com o método RULA, se a postura for predominantemente estática (segurar por mais de 10 minutos) ou se a ação ocorre repetidamente quatro ou mais vezes por minuto, atribui-se a pontuação 1. Caso não, computa-se 0. Como a operação ocorre em mais de 10 minutos, atribui-se a pontuação 1.

Passo 7: adicionar pontuação da força ou carga

Como a peça pesa aproximadamente 10 kg e o movimento de corte é predominantemente estático, quantifica-se o valor 2, segundo o método.

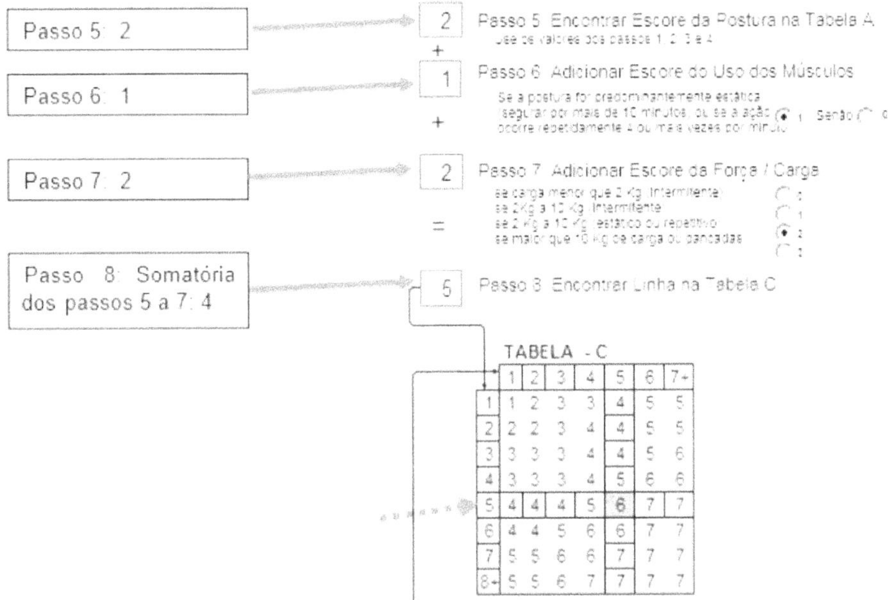

Figura 3.14 Passos 5 a 8: encontrar a linha na Tabela C do método RULA.

Análise de pescoço, tronco e pernas

Passo 9: posição do pescoço/Passo 9a: ajustar

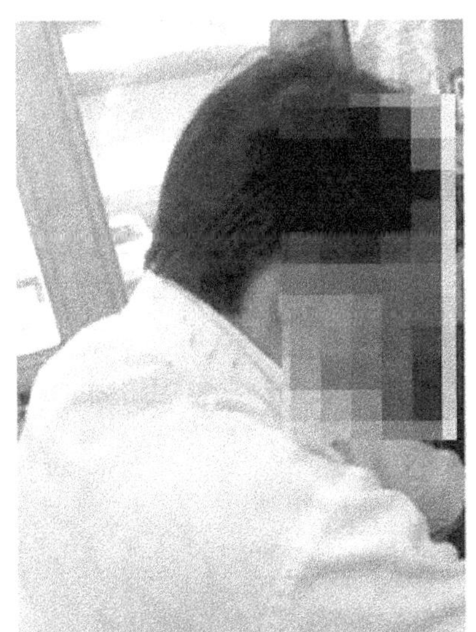

Passo 9: Posição do pescoço

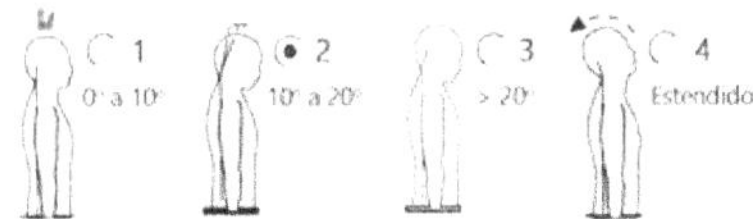

Registro encontrado: 10° a 20°, 2

Passo 9a: Ajustar

Registro encontrado: não se aplica, 0

Figura 3.15 Avaliação da posição do pescoço segundo o método RULA.

Passo 10: posição do tronco/Passo 10a: ajustar

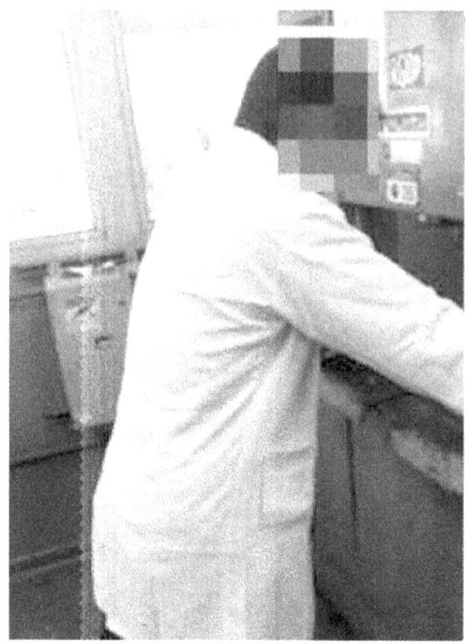

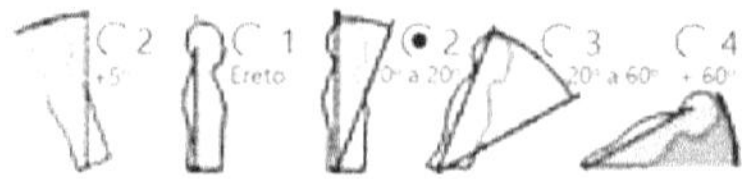

Figura 3.16 Avaliação da posição do giro do punho segundo o método RULA.

Passo 11: pernas

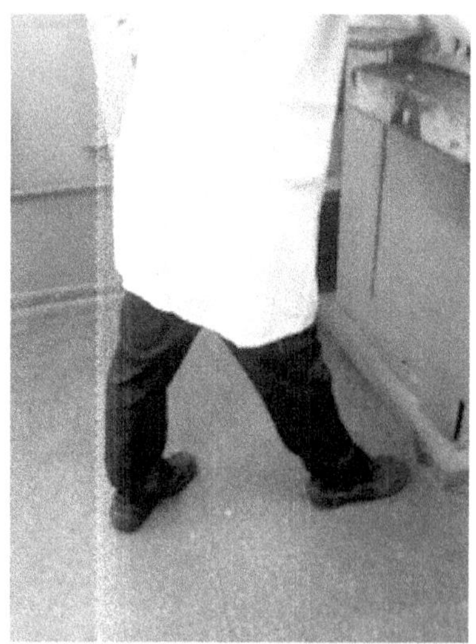

Figura 3.17 Avaliação da posição do giro do punho segundo o método RULA.

Passo 12: adicionar pontuação da postura na Tabela B

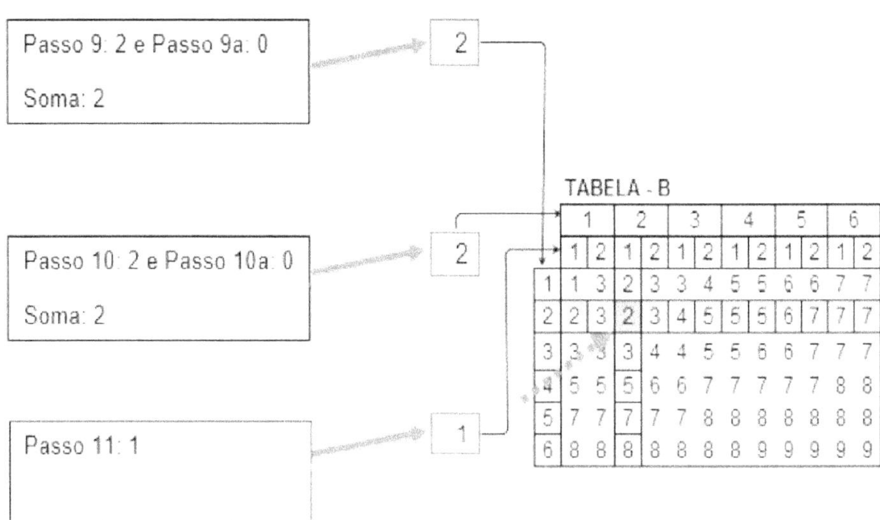

Figura 3.18 Avaliação da pontuação da postura na Tabela B segundo o método RULA.

Com o cruzamento dos valores encontrados nos passos 9, 9a, 10, 10a e 11, encontra-se o valor 2 na Tabela B do método RULA (seta pontilhada).

Passo 13: adicionar pontuação do uso dos músculos

Se a postura for predominantemente estática (segurar por mais de 10 minutos) ou se a ação ocorre repetidamente quatro ou mais vezes por minuto, atribui-se a pontuação 1 ou 0. Como mostrado na Figura 3.18, o eixo traseiro é apoiado na mesa da serra de fita. No entanto, a postura do lado esquerdo do empregado é exigida para manter o eixo na mesa. Atribuiu-se a pontuação 1.

Passo 14: adicionar pontuação da força/carga

Com o apoio de parte do eixo traseiro na mesa da serra de fita, o peso da peça é bem menor que os 10 kg. No entanto, como o apoio não é total, foi considerado um peso entre 2 e 10 kg. Atribuiu-se a pontuação 2.

Passo 15: encontrar a coluna na Tabela C do método RULA

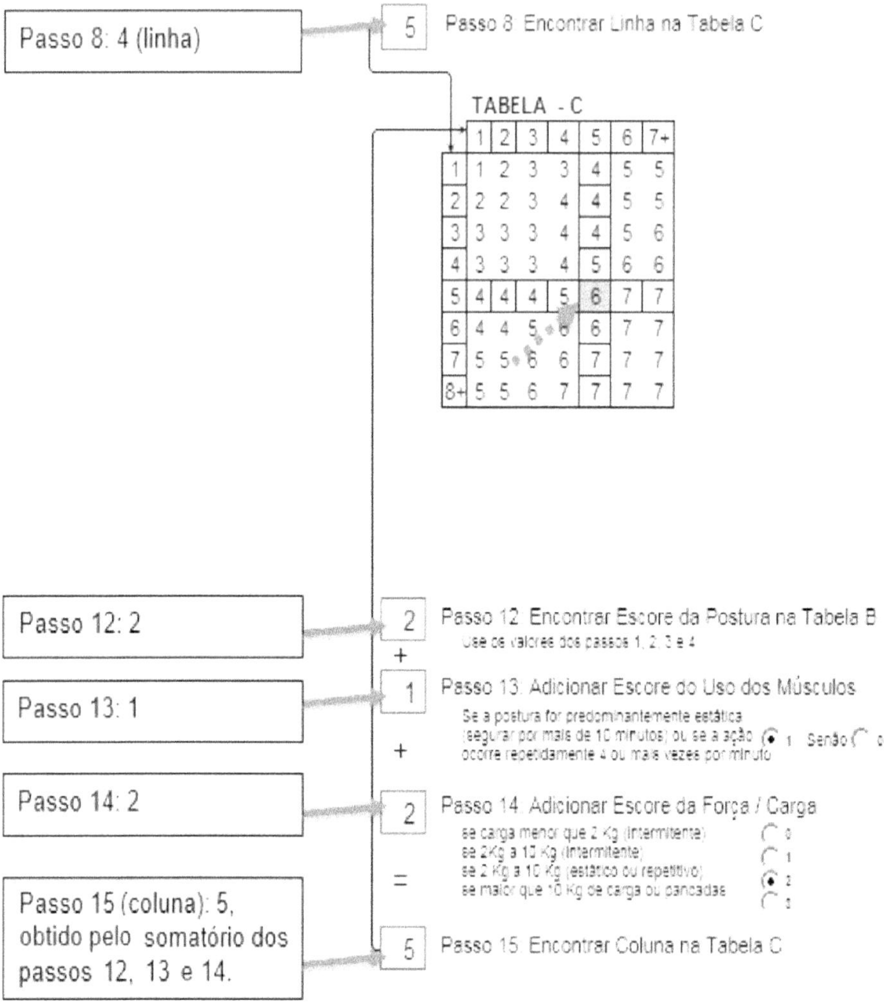

Figura 3.19 Passos 8, 12, 13 e 14: encontrar a coluna na Tabela C.

No passo 15, encontra-se a coluna 5, que é a somatória dos passos 12, 13 e 14, no caso. Com o cruzamento do valor encontrado no passo 8, que determinou a linha 5, com a coluna 5, define-se a pontuação final na Tabela C, no caso 6 (seta pontilhada).

Como já visto, o método RULA define o resultado final da seguinte forma:
- 1 ou 2: aceitável;
- 3 ou 4: investigar;
- 5 ou 6: investigar e mudar logo; e
- 7: investigar e mudar imediatamente.

A pontuação final encontrada no passo 15 foi 6. Portanto, define-se o nível de ação "investigar e mudar logo" (Figura 3.20).

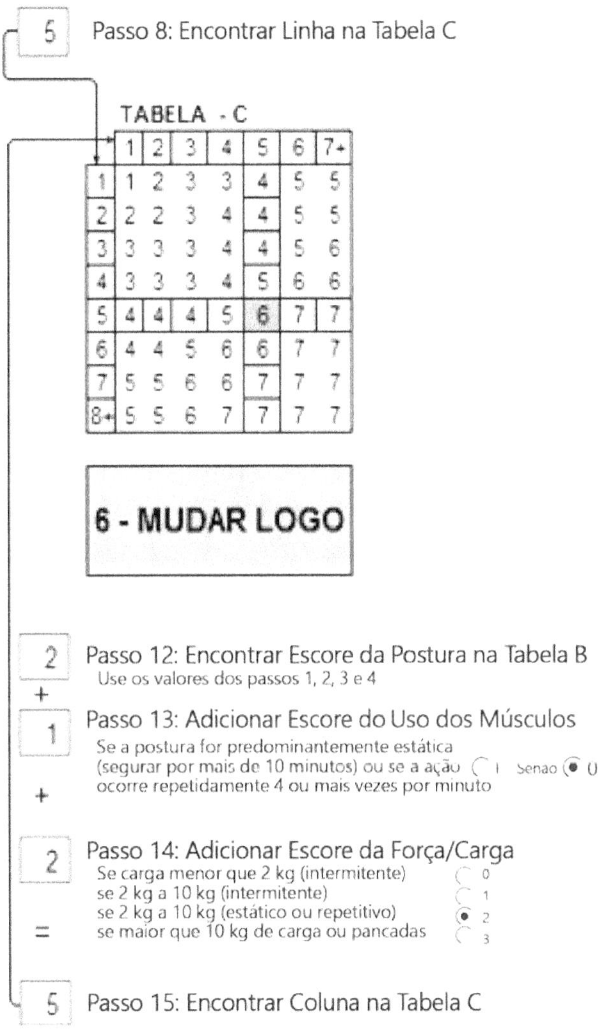

Figura 3.20 Nível de ação 6, "mudar logo".

A solução encontrada foi construir uma mesa de apoio na mesma altura da bancada da serra, para auxiliar no corte de peças grandes, como é o caso da peça analisada. Essa solução impacta diretamente no registro dos dados dos passos 13 (uso dos músculos) e passo 14 (pontuação da força), afetando consequentemente a pontuação final.

Na Figura 3.21 é apresentada a mesa fabricada com esse propósito, que apoia o eixo traseiro durante a operação de corte.

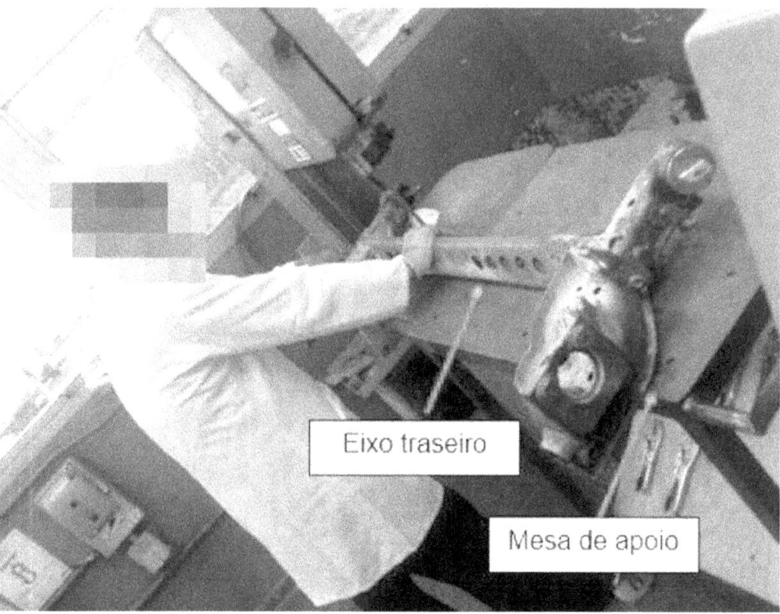

Figura 3.21   Operação de corte de eixo traseiro utilizando uma mesa de aço na mesma altura da bancada da serra.

Com a mudança, a pontuação dos passos 6 a 15, que tratam principalmente dos músculos e da força empregada na operação, sofreu alteração. No passo 6, atribuiu-se a pontuação 0 para os músculos. O mesmo ocorreu para o passo 7, em que a carga é menor que 2 kg, já que foi utilizada a mesa de aço.

No passo 13, a utilização dos músculos ficou computada como 0 e, no passo 14, o uso da força também como 0. Dessa forma, o resultado foi 2 e o nível de ação empregado foi 2, descrito como aceitável. Portanto, a operação da serra de fita com a utilização da mesa de apoio tornou-se aceitável, com uma diminuição dos riscos posturais. O cansaço físico também diminuiu, como relatado pelo próprio empregado.

A Figura 3.22 apresenta o resultado final após a utilização da mesa de apoio.

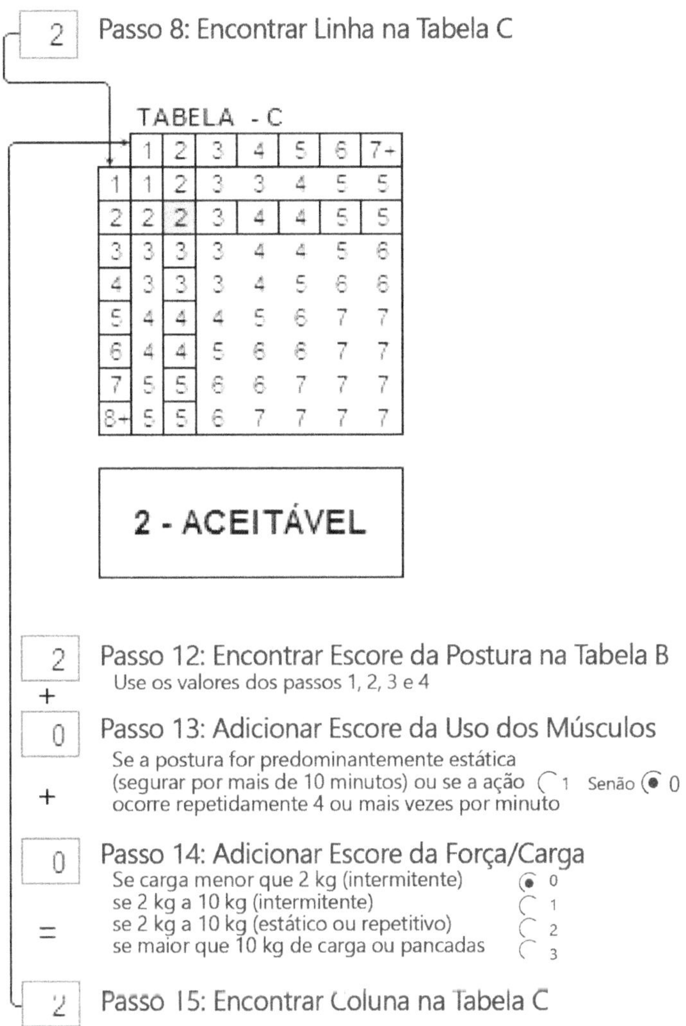

Figura 3.22   Nível de ação 2, "aceitável".

Vale lembrar que, apesar de o nível de ação ter sido "aceitável", essa operação foi aplicada somente no momento do corte da peça. Para que a operação continue aceitável é necessário o levantamento da peça com talha apropriada. Caso isso não seja feito, as entradas de pontuação relativas a músculos e força aparecerão no resultado final, tornando a operação novamente como "mudar logo".

Saiba mais
28/2 – Dia Internacional de Combate às LER/DORT

O dia 28/02 é o Dia Internacional de Combate às LER/DORT. A data foi escolhida pela OIT (Organização Internacional do Trabalho) para conscientizar a população sobre os distúrbios osteomusculares relacionados ao trabalho (DORT), que incluem as lesões por esforços repetitivos. Esses distúrbios foram responsáveis pelo afastamento de quase 39 mil colaboradores em 2019, de acordo com dados da Secretaria Especial de Previdência e Trabalho. As LER/DORT englobam cerca de 30 doenças, das quais a tendinite, a tenossinovite e a bursite são as mais conhecidas. Das dez principais causas de afastamento das atividades profissionais por adoecimento no trabalho, três se enquadram no âmbito dessa denominação: lesões no ombro, sinovite (inflamação ou infecção na bainha que cobre o tendão) e mononeuropatias dos membros superiores (lesão no nervo periférico). Nesta última, a mais comum é a doença conhecida como Síndrome do Túnel do Carpo (STC), resultante da compressão interna do nervo mediano na altura do punho, problema comum em pessoas que fazem movimentos repetitivos em alta velocidade ou associados à força. Causadas geralmente por movimentos reincidentes e contínuos com consequente sobrecarga dos nervos, músculos e tendões, as doenças do sistema osteomuscular também podem estar associadas ao esforço excessivo, má postura, estresse, dentre outras condições desfavoráveis de trabalho. Além de comprometerem a saúde do trabalhador, os afastamentos devido às LER/DORTS também impactam a produtividade das organizações.

Capítulo 4

Gestão de Saúde e Segurança no Trabalho/Gestão Integrada

1. Introdução

Os avanços tecnológicos ocorridos após a Revolução Industrial levaram a mudanças importantes nas organizações humanas. Algumas dessas mudanças contribuíram para uma melhoria sensível da qualidade de vida, enquanto outras contribuíram de maneira negativa, criando problemas econômicos, sociais, políticos, ambientais e de segurança.

Uma das principais mudanças ocasionadas pela tecnologia foi o aumento da velocidade no transporte de pessoas e de cargas, nos meios de comunicação, no fluxo de informações e, consequentemente, a criação de novos materiais. A tecnologia fez com que ocorressem mudanças importantes nas organizações humanas. O trabalho manual cedeu lugar à automação e industrialização, com o consequente aumento das taxas de produção.

A inovação tecnológica, por outro lado, não somente introduziu novos métodos, produtos, processos e equipamentos para a melhoria da qualidade de vida dos seres humanos, mas também novos riscos. Como resposta a esses riscos, a sociedade criou, inicialmente, regulamentações e legislações voltadas mais à reparação de danos à saúde e integridade física dos trabalhadores e ao meio ambiente. Promover, portanto, o desenvolvimento procurando evitar a geração de graves acidentes (ambientais e de segurança) passou a ser o grande desafio para as organizações humanas.

Kletz (1993), por exemplo, indica que graves acidentes são uma das principais causas de mudanças na área de segurança. Quanto maior o número de vidas perdidas, o dano e os problemas ambientais consequentes, maior a probabilidade de que ocorrerá uma mudança. De qualquer maneira, Kletz aponta que as mudanças não são somente resultado de acidentes sérios.

Infelizmente, mudar um processo de fabricação para acomodar uma nova tecnologia que encoraje, por exemplo, a prevenção de perdas nunca é uma decisão fácil. Esta resistência a mudanças, às vezes, é tão difícil de vencer que mesmo empresas consideradas líderes em inovações tecnológicas têm dificuldades quando se trata de estudos de inovação voltados para a prevenção de perdas. Muitas empresas simplesmente falham tanto em pesquisar essas novas tecnologias quanto em reconhecer a habilidade dessas "tecnologias seguras e limpas" em fornecer um retorno razoável do investimento, numa relação custo-benefício.

Avanços na medicina aumentaram a expectativa de vida do ser humano, de 35 anos, durante a Revolução Industrial, para 70 a 80 anos, atualmente nos países desenvolvidos e em desenvolvimento. Com essa melhoria de qualidade de vida, a população humana aumentou de 0,3 bilhão no ano 1 d.C. para 1,1 bilhão em 1850 e mais de 6 bilhões atualmente. Este aumento criou novas demandas de recursos naturais disponíveis.

Os resultados excepcionais que se conseguiu em termos de aumento da expectativa de vida e do controle das doenças agudas tornaram, entretanto, ainda mais evidentes os problemas das doenças crônicas e da poluição ambiental. Dentro dessa perspectiva, a assim chamada "questão ambiental" teve seu início no final dos anos 50 do século XX, principalmente nos países desenvolvidos, à medida que seus cidadãos começaram a se alarmar com a deterioração da qualidade do ar e da água. Quando essa preocupação com o meio ambiente aumentou, a chaminé soltando fumaça se tornou um símbolo negativo da prosperidade.

Um exemplo dessa preocupação é com o consumo de água fresca. Desde seu aparecimento na Terra, os seres humanos têm contaminado seu mais precioso recurso natural. À medida que a população humana foi crescendo e, paralelamente, também a escala e complexidade de suas atividades, principalmente na agricultura e indústria, as demandas por esse recurso finito, mas renovável, cresceram.

Estima-se que estejam disponíveis cerca de 1,4 bilhão de quilômetros cúbicos de água. Desse total, somente 2,6% é de água fresca, o restante é água salgada. Portanto, o volume de água fresca é estimado em somente 37 milhões de quilômetros cúbicos, suficientes para cobrir a superfície terrestre numa profundidade de 250 metros. Contudo, muito pouco dessa quantidade está facilmente disponível para uso na forma líquida. Calotas polares e geleiras contêm 76,5% da água fresca, e 22,9% encontram-se em águas subterrâneas. Isso significa que menos de 1% de água fresca está disponível na atmosfera, rios e lagos.

Em 1987, o Instituto de Recursos Mundiais estimou que somente 9.000 quilômetros cúbicos de água fresca estão rapidamente disponíveis para exploração humana. Teoricamente, essa quantidade é suficiente para suprir uma população de 20 bilhões de pessoas. Contudo, a população humana e o recurso de água não estão distribuídos uniformemente. Consequentemente, em algumas áreas existe falta desse recurso, enquanto em outras somente uma pequena porcentagem foi explorada.

Além do problema do fornecimento e extração da água, tem-se a deterioração de sua qualidade, acelerada nas três últimas décadas. A descarga de água não tratada ou inadequadamente tratada em rios, lagos e outros ecossistemas aquáticos é a principal fonte de poluição. A correção dessa deterioração da qualidade da água – o que em muitas regiões agrava a sua falta – requer um investimento muito alto em monitoramento, tratamento, controle e regulamentação.

Outro fator importante na questão ambiental são as consequências de poluições que podem afetar outras regiões ou mesmo o planeta como um todo. As chuvas ácidas, o efeito "estufa", a explosão demográfica, o empobrecimento da biodiversidade, a devastação das florestas tropicais são exemplos dessas questões que envolvem o meio ambiente.

A expansão do movimento ambientalista, que vem adquirindo uma considerável experiência técnica e de organização política, tem-se traduzido numa maior pressão pública no que se refere a um maior controle e monitoramento e, como consequência, um crescimento do aparelho institucional e legal dos órgãos de regulação. Nesse sentido, houve uma mudança de paradigmas em relação à responsabilidade de uma organização perante o meio ambiente, e a proteção e gestão, que tinha característica compulsória, passou a ser uma atitude voluntária.

Entretanto, em grande parte das organizações há a preocupação excessiva em somente analisar os custos da despoluição (via tratamento "fim-de-tubo") e, principalmente, uma postura reativa quanto ao "pagamento" da poluição gerada. No momento atual, em que a responsabilidade ambiental, de certa maneira, vem se traduzindo num "custo adicional", a competitividade da organização começa a ser afetada.

A Figura 4.1 ilustra uma nova proposta de gestão de segurança do trabalho, abrangendo os diversos quesitos envolvidos na área de prevenção. Esta figura reúne os principais atos normativos, programas, riscos e suas interpelações, demonstrando a harmonização entre os conceitos abordados na obra.

SST e a evolução da tecnologia e sistemas

Se a vida mais saudável mudou a natureza das doenças, a vida mais segura graças à tecnologia também tem cobrado seu preço. Foram desenvolvidos métodos para salvar as pessoas de traumatismos e infecções, e conta-se hoje também com um sofisticado sistema de estruturas, dispositivos e meios para a proteção contra os perigos. Entretanto, quando se olha mais de perto a questão, constata-se que as novas tecnologias e os programas de auxílio ampliaram e transferiram a insegurança, em vez de eliminar os perigos. A forma encontrada para reduzir o tamanho dos riscos foi torná-los mais difusos. Troca-se o risco de vida pelo risco de danos materiais, e distribui-se o custo desses danos ao longo do espaço e do tempo. Dessa maneira a tecnologia transformou eventos catastróficos em situações crônicas, sem, entretanto, impedir as catástrofes naturais.

Como resposta a esses riscos, a sociedade criou, inicialmente, regulamentações e legislações voltadas mais à reparação de danos à saúde e à integridade física dos trabalhadores. Apesar dos índices de danos e mortes terem diminuído em decorrência desses enfoques e das legislações e regulamentações criadas, o público ainda não está plenamente satisfeito com a proteção oferecida em relação ao risco tecnológico.

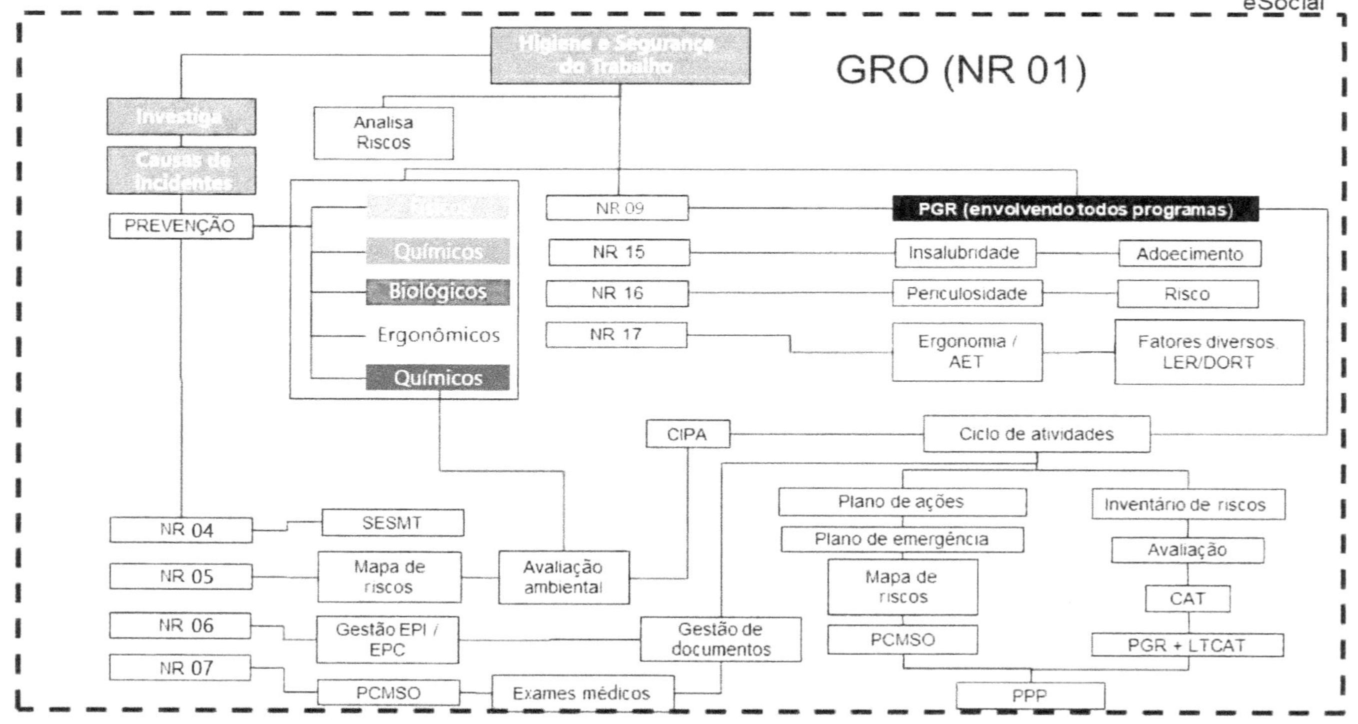

Figura 4.1 Nova proposta de gestão de segurança do trabalho, abrangendo os diversos quesitos envolvidos na área prevencionista.

2. Sistemas de gestão

Segurança, saúde e meio ambiente constituem-se em matérias interdisciplinares. Numa sociedade altamente tecnológica como a atual, não se pretende que alguém seja especialista em todos os aspectos relacionados com esses assuntos. É praticamente impossível manter-se atualizado com todas as novas leis e regulamentações. Para se tornar um especialista nesses campos, seria necessário conhecer leis, engenharia, equipamentos, processos de fabricação, ciências do comportamento, administração, ciências de saúde e do meio ambiente, finanças, seguros, etc.

Os profissionais das áreas de segurança e meio ambiente, atualmente, são generalistas, atuando mais na coordenação e como facilitadores de outras competências profissionais na aplicação dos princípios de segurança e meio ambiente. Dessa maneira, numa visão moderna da segurança e do meio ambiente, trabalha-se mais a prevenção e o controle de perdas, integrados ao sistema de gestão da organização, e com uma visão sistêmica do negócio.

Assim, o que está impulsionando as áreas de Segurança e Meio Ambiente é o enfoque nos chamados Sistemas de Gestão, principalmente aqueles que possam ser certificados por um organismo independente devidamente credenciado. Essa ideia permite que a organização demonstre perante terceiros que, além de possuir um sistema de gestão, este atende a uma determinada norma – especialmente se esta for internacional.

Um sistema pode ser definido como um arranjo ordenado de componentes inter-relacionados que atuam e interagem com outros sistemas para cumprir determinado objetivo. No caso de uma empresa tem-se um arranjo de recursos humanos, materiais e financeiros, procurando atingir o objetivo de atender às expectativas e exigências de seus clientes e consumidores.

Segundo a NBR ISO 9000:2015, sistema de gestão é um "sistema para estabelecer política e objetivos, e para atingir estes objetivos". Sendo que este tipo de sistema obrigatoriamente possui *inputs, outputs, retrofeet/feedback*, dentre outros elementos que o constituem.

O ponto de partida para o entendimento dos sistemas de gestão é a compreensão dos seus objetivos e a identificação de seus componentes. A tarefa de identificar os componentes nesse tipo de sistema pode não ser tão clara quanto em outros, pois tais componentes não são, em sua maior parte, materiais ou palpáveis.

Num sistema elétrico, por exemplo, os componentes podem ser resistores, capacitores, bobinas, chaves, etc.; todos visíveis e palpáveis. Num sistema biológico, os componentes serão órgãos. Já num sistema de gestão, os componentes são de natureza administrativa, envolvendo o estabelecimento de objetivos, estratégias, definição de responsabilidades, elaboração e execução de procedimentos e alocação de recursos.

3. Gestão de segurança e saúde no trabalho

Um sistema de gestão da segurança e saúde no trabalho é parte integrante do sistema global de gestão de uma organização que objetiva o controle dos perigos e riscos em matéria de SST, por meio de abordagem estruturada e planejada, envolvendo toda a estrutura da organização e todos aqueles que sejam influenciados pelas atividades, implementando um processo proativo de melhoria contínua. Cabe frisar que este é um processo dinâmico, considerando que está sujeito a avaliação periódica, em que são analisados os objetivos propostos, o seu cumprimento e a eficácia das ações corretivas implementadas.

Assim, para o sucesso da implantação de um SGSST (Sistema de Gestão de Segurança e Saúde no Trabalho), entendendo-se que este é parte integrante da organização, torna-se importante:

♦ Incluir a gestão de SST como um valor para a corporação (valores não se alteram, prioridades, sim);
♦ Identificar os requisitos legais e outros aplicáveis às atividades, produtos e serviços;
♦ Comprometer-se com a política e prática de SST;
♦ Avaliar e monitorar o desempenho da SST, a partir dos indicadores de desempenho;
♦ Proporcionar os recursos necessários;
♦ Promover a integração do SGSST com outros sistemas de gestão;
♦ Providenciar o envolvimento de toda a equipe de trabalho;
♦ Enfatizar mais a proatividade do que a reatividade.

Quanto ao foco do sistema de Gestão de Segurança e Saúde do Trabalho, este deve:

♦ Prevenir em vez de corrigir;
♦ Planejar todas as atividades, os produtos e processos;
♦ Estabelecer procedimentos e critérios;
♦ Coordenar e integrar as partes e subsistemas;
♦ Monitorar continuamente os ambientes;
♦ Sempre almejar a melhoria contínua.

Para uma gestão eficiente, torna-se mandatório o cumprimento dos programas relacionados no decorrer das Normas Regulamentadoras. Listamos abaixo os programas mais conhecidos/utilizados:

3.1 PPRA – Programa de Prevenção de Riscos Ambientais (NR 09)

Estabelecido pela Norma Regulamentadora NR 09, da Secretaria de Segurança e Saúde do Trabalho, do Ministério da Economia, o Programa de Prevenção de Riscos Ambientais, ou PPRA, é um programa obrigatório a todas as empresas que possuem funcionários. Cabe aqui salientar que, conforme abordado no Capítulo II desta obra, o PPRA deu lugar ao GRO, e a nova nomenclatura da NR 09 é "Avaliação e Controle das Exposições Ocupacionais a Agentes Físicos, Químicos e Biológicos. "

3.2 PCMSO – Programa de Controle Médico e Saúde (NR 07)

A Norma Regulamentadora NR 07 estabelece a obrigatoriedade de elaboração e implementação, por parte de todos os empregadores e instituições que admitam trabalhadores como empregados, do Programa de Controle Médico de Saúde Ocupacional (PCMSO), com o objetivo de promoção e preservação da saúde do conjunto dos seus trabalhadores. Tem por premissa a prevenção, mapeamento precoce e diagnóstico dos agravos à saúde dos trabalhadores, além da constatação dos casos de doenças profissionais ou danos irreversíveis causados por riscos do trabalho ou quaisquer situações ligadas ao ambiente laboral. Além da obrigatoriedade, a NR 07 é uma peça importante dentro do eSocial, pois fornece as informações necessárias para futuras verificações, como prazos para exames periódicos, por exemplo.

3.3 PCMAT – Programa de Condições e Meio Ambiente de Trabalho na Construção Civil (NR 18)

O PCMAT é um programa obrigatório que estabelece condições e diretrizes de segurança do trabalho para obras e atividades relativas à construção civil de acordo com a Norma Regulamentadora NR 18. Torna-se obrigatória a implantação do PCMAT em estabelecimentos com 20 trabalhadores ou mais.

3.4 PPRPS – Programa de Prevenção de Prensas e Similares (NR 12)

Instituído pelo Anexo VIII (Prensas e Similares) da Norma Regulamentadora NR 12 (Segurança no Trabalho em Máquinas e Equipamentos), este programa visa garantir a proteção adequada à saúde e integridade física dos trabalhadores envolvidos nas diversas aplicações de prensas ou equipamentos similares.

3.5 PGR – Programa de Gerenciamento de Riscos (NR 22)

Este Programa, regido pela Norma Regulamentadora NR 22, tem por objetivo prevenir a ocorrência de acidentes ambientais que possam colocar em risco a integridade física dos trabalhadores, bem como a segurança da população e o meio ambiente, além de disciplinar os preceitos a serem observados na organização, compatibilizando o planejamento e a execução das atividades. O PGR surgiu, a partir de 2019, como uma ferramenta para a obtenção do GRO, em substituição ao PPRA.

3.6 PCA – Programa de Conservação Auditiva

O Programa de Conservação Auditiva (PCA) envolve uma gama de atividades que visam prevenir ou estabilizar as perdas auditivas ocupacionais por meio de um processo de melhoria contínua, necessitando de conhecimento multidisciplinar e evoluindo graças a atividades planejadas e coordenadas entre diversas áreas da empresa.

3.7 PPR – Programa de Proteção Respiratória

O Programa de Proteção Respiratória foi criado pela Instrução Normativa n° 1, de 11 de abril de 1994, do Ministério do Trabalho e Emprego. A primeira versão do PPR teve por referência:

- Norma ANSI Z88.2-1992 – *American National Standard for Respiratory Protection*; e
- *Code of Federal Regulations, Title 29, Part 1910.134, Appendix – A Fit Testing Procedures (Mandatory)*.

Com a evolução das normas, incorporou-se ao PPR a ISO 16975.1 (*Respiratory protective devices – selection, use and maintenance*). O Programa de Proteção Respiratória (PPR) é um conjunto de medidas de segurança abrangidas pelas Normas Regulamentadoras NR 07, NR 09 e NR 15, que visam proteger a saúde do trabalhador contra a exposição aos riscos químicos e biológicos existentes no ambiente laboral. O intuito do programa é prevenir a incidência de doenças ocupacionais causadas pela inalação das impurezas do ar que são prejudiciais à saúde, como poeiras, névoas, fumos, vapores e gases químicos.

Cabe salientar que a elaboração, execução e acompanhamento do PPR, auxiliam no estabelecimento de melhores condições de proteção, seja ela através de equipamentos de proteção coletiva (EPC) ou equipamentos de proteção individual (EPI).

3.8 PPRAG – Programa de Prevenção de Riscos Ambientais para Indústrias Galvânicas

O Programa de Prevenção de Riscos Ambientais para Indústrias Galvânicas, ou PPRAG, é um programa obrigatório voltado à realidade dos processos internos das empresas de galvanoplastia, estabelecido pela Norma Regulamentadora NR 09, da Secretaria de Segurança e Saúde do Trabalho, do Ministério da Economia.

3.9 PGRSS – Plano de Gerenciamento de Resíduos Sólidos de Saúde

O Plano de Gerenciamento de Resíduos Sólidos de Saúde, ou PGRSS, é regido pelas resoluções CONAMA n° 283/01, CONAMA n° 358/05 e ANVISA RDC 306/04, e constitui um conjunto de procedimentos que contemplam a geração, segregação, acondicionamento, coleta, armazenamento, transporte, tratamento e destinação final dos resíduos.

3.10 PMOC – Plano de Manutenção, Operação e Controle

Apesar de não ser considerado um programa, o PMOC (Plano de Manutenção Operação e Controle) atualmente é exigido e sua existência é passível de sanções. O PMOC é contemplado na Portaria 3.523/GM, de agosto de 1998, que busca garantir a qualidade do ar ambiente e preservar a saúde das pessoas.

O PMOC é o conjunto de documentos em que constam todos os dados da edificação, do sistema de climatização, do responsável técnico, bem como dos procedimentos e rotinas de manutenção comprovando sua execução. O Plano de Manutenção, Operação e Controle, feito de acordo com as diretrizes da ANVISA, dita como deve ser feita a conservação do sistema de ar condicionado. Isso engloba tanto os aspectos mecânicos de um ar-condicionado quanto os microbiológicos, que previne contra a proliferação de patógenos, como fungos e bactérias, além de controlar outros aspectos que influenciam a qualidade do ar e a saúde daqueles que frequentam o ambiente.

Por isso, durante o PMOC, executa-se uma série de procedimentos para verificar o estado de limpeza, conservação e manutenção do sistema de climatização em seus aspectos estruturais e sanitários. Segundo a Lei nº 6.437/77, o não cumprimento deste plano pode levar a multas que podem variar de R$ 2.000,00 a R$ 1.500.000,00, dependendo do risco ou gravidade, recorrência e tamanho do estabelecimento, sendo dobrada na sua reincidência.

Após aprovação da Lei Federal nº 13.589, de 4 de janeiro de 2018 (referente ao PMOC), surgiram no mercado muitos questionamentos sobre o cumprimento desta lei, que obriga a manutenção de sistemas de ar condicionado em edifícios de uso coletivo.

A necessidade, portanto, de controles e procedimentos de segurança – Sistemas de Gestão e Gerenciamento de Segurança e Saúde no Trabalho – aplica-se a toda e qualquer organização e indivíduos e a todas as funções e atividades dentro de uma organização. De certa maneira, desenvolvem-se as atividades de gestão e gerenciamento de segurança, ou em função de falhas ocorridas, ou porque alguém conseguiu prever uma falha e implantou controles para impedir que elas ocorressem.

4. Planejamento dos sistemas integrados de gestão ambiental e de segurança

O planejamento de Sistemas Integrados de Gestão Ambiental e de Segurança compreende o atendimento aos seguintes itens:
- ♦ Avaliação de riscos e de aspectos e impactos ambientais.
- ♦ Requerimentos legais.
- ♦ Objetivos, metas e programas.

4.1   Avaliação de riscos e de aspectos e impactos ambientais

A avaliação de riscos, aspectos e impactos ambientais envolve três passos básicos:

a) Identificação;
b) Estimativa – probabilidade e gravidade;
c) Decisão sobre aceitabilidade do risco e do impacto.

O principal propósito deste requisito é determinar se os controles existentes ou planejados são adequados, com a intenção de gerenciar os riscos antes que possa ocorrer o dano. Os métodos e técnicas existentes baseiam-se numa abordagem através de grupos multidisciplinares e competentes sobre a atividade ou processo em estudo. Avaliações mal planejadas e/ou mal realizadas acarretam perda de tempo e nenhuma mudança. O papel da avaliação é fornecer uma base para a implementação de medidas de controle e de prevenção de perdas.

O estudo de risco envolve uma análise do risco, em conjunto com medidas de prevenção de acidentes e minimização das consequências, caso ocorra o acidente. Essas medidas devem incluir o desenho da planta, manutenção de procedimentos, controles técnicos e outras, como manter as pessoas informadas, treinadas, e com equipamentos à disposição. Esse estudo é essencial para a implantação e a manutenção de um SIG.

Um estudo de análise de risco deve considerar duas questões:

1. Qual a probabilidade de ocorrer um evento indesejável?
2. Quais são as consequências desse evento?

A avaliação do risco está relacionada com a probabilidade de ocorrência e com suas consequências. Para tanto, é necessário o estabelecimento de critérios para proceder à avaliação de impactos ambientais e de riscos de segurança:

♦ Classificação das atividades e processos – preparar uma lista de atividades abrangendo propriedades, instalações, pessoal, procedimentos e coleta de dados.

♦ Identificação dos aspectos ambientais e perigos significativos relativos a cada atividade e processo – levar em consideração quem poderia sofrer danos e como.

♦ Estimativa subjetiva do impacto e/ou risco associado a cada aspecto e/ou perigo, assumindo que os controles existentes ou previstos estão em funcionamento.

♦ Decisão quanto à aceitabilidade do impacto e/ou risco, levando-se em consideração se as precauções existentes ou previstas são suficientes para manter os aspectos e/ou perigos sob controle e atendendo aos requisitos legais.

♦ Preparação do plano de ação para o controle de impactos e/ou riscos (se necessário), assegurando que os controles novos e os existentes são eficazes.

♦ Análise crítica de adequação do plano, reavaliando os impactos e/ou riscos em função dos controles propostos, e verificando se agora são aceitáveis.

Os procedimentos devem levar em consideração:
a) atividades rotineiras e não-rotineiras;
b) atividades de todas as pessoas que tenham acesso aos locais de trabalho (incluindo terceirizados e visitantes);
c) comportamento humano, capacidades e outros fatores humanos;
d) perigos de origem externa aos locais de trabalho

Normalmente, não há necessidade de realizar análises quantificadas. Estas somente são realizadas quando as consequências de possíveis falhas podem ser catastróficas. Na maioria das organizações, métodos simples e subjetivos são os mais adequados. Algumas avaliações, entretanto, podem requerer uma série de medições da situação existente ou de níveis de exposição a um dado agente tóxico ou nocivo, para diminuir um pouco a subjetividade.

Os procedimentos de identificação e avaliação devem considerar:
♦ Perigos/aspectos criados na vizinhança por atividades relacionadas ao trabalho sob controle da organização.
♦ Infraestrutura, equipamentos e materiais no local de trabalho.
♦ Mudanças ou propostas de mudança na organização, atividades, materiais, qualquer obrigação legal aplicável relacionada à avaliação de riscos/controles.
♦ Desenho das áreas de trabalho, processos, instalações, máquinas/equipamentos, procedimentos operacionais e organização do trabalho.

5. eSocial

Tudo começou com o Decreto 6.022, de 22 de janeiro de 2007, que criou o chamado SPED (Sistema Público de Escrituração Digital), hoje considerado o "pai" do eSocial. A partir desse decreto, empresários começaram a receber cartas informando que poderiam ser notificados/multados por meio digital.

Em 2009 foi criado um projeto piloto para estender o SPED à área trabalhista e, em 2012, o governo resolveu ampliar o sistema inserindo informações previdenciárias e trabalhistas. Assim foi idealizado o Sistema de Escrituração Fiscal Digital das Obrigações Fiscais, Previdenciárias e Trabalhistas, ou simplesmente eSocial e EFD-Reinf.

O eSocial não nasceu com esta nomenclatura. Já foi chamado de EFD Social, SPED de Folha e, por fim, apenas eSocial, mas ele também pode ser localizado a partir da expressão "prestação de informação digital".

Em 2013, o Ato Declaratório Executivo nº 5 aprovou e divulgou a versão inicial 1.0, o layout do eSocial. Muitos cronogramas foram apresentados, até que, em meados de 2019, a obrigação entrou oficialmente em vigor. Isso se confirma pela movimentação atual do mercado e das empresas em torno do eSocial, graças às publicações e comunicados fornecidos pelo governo. A transmissão eletrônica desses dados simplificará a prestação das informações referentes às obrigações fiscais, previdenciárias e trabalhistas, de forma a reduzir a burocracia para as empresas. A prestação das informações ao eSocial substituirá o preenchimento e a entrega de formulários e declarações separados a cada ente.

A implantação do eSocial viabilizará garantia aos direitos previdenciários e trabalhistas, racionalizará e simplificará o cumprimento de obrigações, eliminará a redundância nas informações prestadas pelas pessoas físicas e jurídicas, e aprimorará a qualidade das informações das relações de trabalho, previdenciárias e tributárias. A legislação prevê ainda tratamento diferenciado às micro e pequenas empresas.

A obrigatoriedade de utilização desse sistema para os empregadores é estabelecida pela Secretaria Especial de Previdência e Trabalho (ver Portaria do Ministério da Economia nº 300, de 13/06/2019, e Portaria da Secretaria Especial de Previdência e Trabalho nº 716, de 04/07/2019), conforme cronograma de implantação e transmissão das informações por esse canal. A Figura 4.2 apresenta o cronograma de implantação do eSocial.

Cronograma de Implantação do eSocial

	Fase 1 Eventos de tabelas	Fase 2 Eventos não periódicos	Fase 3 Eventos periódicos	Fase 4 Eventos de SST
Grupo 1	2018 08 JAN	2018 01 MAR	2018 01 MAI	2021* 13 OUT
Grupo 2	2018 16 JUL	2018 10 OUT	2019 10 JAN	2022* 10 JAN
Grupo 3 Pessoas Jurídicas	2019 10 JAN	2019 10 ABR	2021 10 MAI	2022* 10 JAN
Grupo 3 Pessoas Físicas	2019 10 JAN	2019 10 ABR	2021* 19 JUL	2022* 10 JAN
Grupo 4	2021* 21 JUL	2021* 22 NOV	2022* 22 ABR	2022* 11 JUL

Grupo 1 - Empresas com faturamento anual superior a R$ 78 milhões
Grupo 2 - Entidades empresariais com faturamento no ano de 2016 de até R$ 78.000.000,00 (setenta e oito milhões) e que não sejam optantes pelo Simples Nacional
Grupo 3 - Empregadores optantes pelo Simples Nacional, empregadores pessoa física (exceto doméstico), produtor rural PF e entidades sem fins lucrativos
Grupo 4 - Órgãos públicos e organizações internacionais

* A partir das 08h00

eSocial

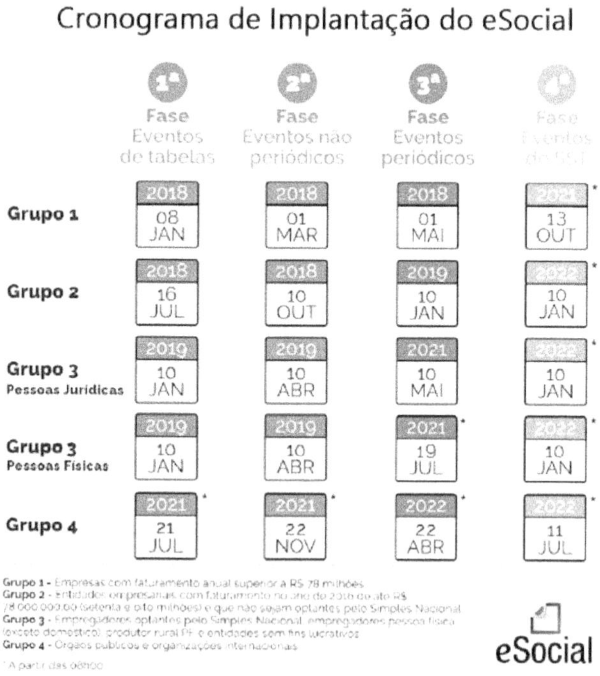

Figura 4.2 Cronograma de implantação do eSocial. *Fonte:* Governo Federal (2021).

O projeto eSocial é uma ação conjunta dos seguintes órgãos e entidades do governo federal: Secretaria Especial de Previdência e Trabalho, que inclui a Secretaria de Previdência, Secretaria de Trabalho e o Instituto Nacional do Seguro Social (INSS); Secretaria Especial da Receita Federal do Brasil; Secretaria Especial de Produtividade, Emprego e Competitividade; Secretaria Especial de Desburocratização, Gestão e Governo Digital, todos vinculados ao Ministério da Economia.

Definindo, de forma resumida, o eSocial é um novo sistema de registro, elaborado pelo governo federal, para facilitar a administração de informações relativas aos trabalhadores. De forma padronizada e simplificada, o novo eSocial empresarial vai reduzir custos e tempo da área contábil das empresas na hora de executar 15 obrigações fiscais, previdenciárias e trabalhistas.

Todas as informações coletadas pelas empresas vão compor um banco de dados único, administrado pelo governo federal, que abrangerá mais de 40 milhões de trabalhadores e contará com a participação de mais de 8 milhões de empresas, além de 80 mil escritórios de contabilidade. Com relação ao seu funcionamento, as empresas terão de enviar periodicamente, em meio digital, as informações para a plataforma do eSocial. Todos esses dados, na verdade, já são registrados, atualmente, em algum meio, como papel e outras plataformas online. No entanto, com a entrada em operação do novo sistema, o caminho será único. Todos esses dados, obrigatoriamente, serão enviados ao governo federal, exclusivamente, por meio do eSocial Empresas.

Quando em pleno funcionamento, o eSocial substituirá diversos sistemas que hoje funcionam separados. São eles:

- ♦ GFIP – Guia de Recolhimento do FGTS e de Informações à Previdência Social
- ♦ CAGED – Cadastro Geral de Empregados e Desempregados para controlar as admissões e demissões de empregados sob o regime da CLT
- ♦ RAIS – Relação Anual de Informações Sociais
- ♦ LRE – Livro de Registro de Empregados
- ♦ CAT – Comunicação de Acidente de Trabalho
- ♦ CD – Comunicação de Dispensa
- ♦ CTPS – Carteira de Trabalho e Previdência Social
- ♦ PPP – Perfil Profissiográfico Previdenciário
- ♦ DIRF – Declaração do Imposto de Renda Retido na Fonte
- ♦ DCTF – Declaração de Débitos e Créditos Tributários Federais
- ♦ QHT – Quadro de Horário de Trabalho
- ♦ MANAD – Manual Normativo de Arquivos Digitais
- ♦ Folha de pagamento
- ♦ GRF – Guia de Recolhimento do FGTS
- ♦ GPS – Guia da Previdência Social

As principais vantagens para as empresas que se adequaram previamente ao eSocial são:

- ♦ Além de simplificar processos, o que gera ganho de produtividade, o eSocial passará a subsidiar a geração de guias de recolhimentos do FGTS e demais tributos, o que diminuirá erros nos cálculos que, hoje, ainda ocorrem na geração desses documentos.
- ♦ A plataforma garantirá também maior segurança jurídica, com um ambiente de negócio que beneficia a todos, principalmente àquelas empresas que trabalham em conformidade com a legislação.
- ♦ Com a substituição da entrega de diversas obrigações por apenas uma operação, totalmente padronizada, as empresas reduzirão gastos e tempo dedicados atualmente à execução dessas tarefas.

Esse novo modelo traz outras vantagens, como:

- ♦ registro imediato de novas informações, como a contratação de um empregado;
- ♦ integração de processos;
- ♦ disponibilização imediata dos dados aos órgãos envolvidos.

Esse novo sistema consiste apenas em uma nova forma de prestação de informação por parte das empresas, e não se confunde com qualquer tipo de regime tributário diferenciado.

Como já destacado, o eSocial Empresas, esta é sua nova denominação, é resultado de um trabalho coletivo que reúne representantes de órgãos governamentais e das principais categorias econômicas do país. Esse formato foi organizado com o objetivo de disponibilizar uma plataforma de serviço simplificada, desburocratizada e adequada à realidade do setor empresarial brasileiro.

A principal vantagem para o trabalhador é, sem dúvida, maior garantia em relação à efetivação de seus direitos trabalhistas e previdenciários e maior transparência referente às informações de seus contratos de trabalho. Serão também registradas todas as informações relativas aos pagamentos efetuados ao trabalhador, assim como as informações referentes à sua condição de trabalho, tais como as características do local onde desempenha suas funções e os tipos de riscos aos quais está exposto.

A sistematização das informações no eSocial envolve os diversos tipos de relações trabalhistas em vigor no Brasil. Isso significa que trabalhadores celetistas, estatutários, autônomos, avulsos, cooperados, estagiários e sem vínculo empregatício terão suas informações registradas no eSocial.

A entrada em operação desse novo procedimento vai contribuir também para uma melhoria na elaboração e tomada de decisão em políticas públicas, bem como na prestação dos benefícios previdenciários aos trabalhadores. O eSocial traz, para o formato digital, informações que hoje ainda podem ser registradas em meios ultrapassados e até frágeis, como em livros de papel. Tais dados, que atualmente devem ser guardados por longo período de tempo, de até 30 anos, passarão a ser armazenados em um ambiente público, seguro e sem custos para as empresas. As 15 obrigações, fundamentais na relação trabalhista entre empregador e empregado, estarão sistematizadas num único banco de dados. O eSocial Empresas, no âmbito da Receita Federal, faz parte do Sistema Público de Escrituração Digital (SPED), um programa extremamente abrangente de informatização da relação entre a Receita Federal e os contribuintes.

O eSocial também inova como modelo de projeto de construção coletiva, que conta com a participação efetiva de vários órgãos governamentais, assim como da sociedade civil. Para o desenvolvimento deste projeto, foi criado o Comitê Gestor do eSocial, formado por um representante de cada instituição participante: Caixa Econômica Federal; Receita Federal; Ministério do Trabalho; Secretaria da Previdência Social e INSS.

Do ponto de vista tecnológico, é um projeto ambicioso e moderno, desenvolvido a partir de técnicas avançadas de sistemas de informação. Casos bem-sucedidos de programas adotados pelo governo federal envolvendo o universo empresarial contribuíram também para o desenho da plataforma do eSocial. Entre eles, a Nota Fiscal Eletrônica (NF-e) e a Contabilidade Digital (ECD), que fazem parte do SPED, com padrão de excelência reconhecido internacionalmente.

A rotina das empresas passará por uma grande transformação, visto que o eSocial vai unificar o envio dos dados referentes às relações de trabalho para o governo federal, o que demandará das empresas a integração total dessas informações. A partir daí, a inteligência do sistema adotado vai "agregar" valor a tais dados, uma vez que será capaz de relacionar as informações e detectar erros.

Com relação às penalidades, basicamente, serão as mesmas a que as empresas estão sujeitas hoje pelo descumprimento de suas obrigações. Não há cobrança de multas da empresa que não aderir ao sistema de forma imediata. No entanto, o processamento e quitação das obrigações rotineiras da empresa para com a administração federal ficará praticamente inviável, se ela não se adequar ao eSocial. Quanto às penalidades, a Figura 4.3 apresenta os valores propostos.

Em resumo, o eSocial irá fiscalizar em tempo real as empresas, autuando as que de alguma forma apresentem irregularidades quanto à segurança do trabalho, situação fiscal, cadastramento, registro, dentre outros.

As multas no eSocial

FALTA DE REGISTRO	CADASTRO DESATUALIZADO	FALTA DE EXAMES MÉDICOS
R$ 402,53 a R$ 805,06 por empregado, dobra por reincidência	R$ 201,27 a R$ 402,54 por empregado	R$ 402,53 a R$ 4.025,33

OMISSÕES NOS DADOS SOBRE ACIDENTES DE TRABALHO	FALTA DO PERFIL PROFISSIONAL GRÁFICO PREVIDENCIÁRIO	OMISSÃO DE DADOS ENVOLVENDO O AFASTAMENTO TEMPORÁRIO
Valor da multa varia entre o limite mínimo e o limite máximo de salário de contribuição. No caso da reincidência, o valor é dobrado	R$ 1.812,87 a R$ 181.284,63 sendo determinada de acordo com a gravidade da situação	R$ 1.812,87 a R$ 181.284,63

Figura 4.3 Penalidades e valores. *Fonte:* Agência CBIC.

6. ISO 45001

A ISO 45001 é uma norma internacional para o Sistema de Gestão de Saúde e Segurança Ocupacional (SGSSO), cujo foco é a melhoria do desempenho de qualquer empresa em termos de Saúde e Segurança do Trabalho (SST). Esta norma foi desenvolvida baseando-se em dados coletados pela Organização Internacional do Trabalho (OIT), a qual estimou que 2,3 milhões de pessoas morrem anualmente de doenças e acidentes de trabalho, e deriva da aposentada OHSAS 18001 (*Occupational Health and Safety Assessment Series*).

Segundo a própria norma, uma organização é responsável pela saúde e segurança ocupacional dos trabalhadores e outros que podem ser afetados por suas atividades. Esta responsabilidade inclui promover e proteger sua saúde física e mental. Por se tratar de um sistema internacional criado pela ISO (*International Organization for Standardization*) – que é uma organização fundada em 1946 e sediada em Genebra, na Suíça, com o propósito de desenvolver e promover normas que possam ser utilizadas por todos os países do mundo –, é uma ferramenta que pode ser adotada por qualquer empresa, de qualquer porte, e por isso é a norma mais conhecida e adotada em todo o mundo pelas empresas de sucesso.

O objetivo da ISO 45001 é fornecer uma estrutura para gerenciar os riscos e oportunidades identificados na empresa, a fim de que seja possível prevenir lesões e problemas de saúde ocupacional e proporcionar ambientes de trabalho seguros e saudáveis. Cabe aqui ressaltar que apresentamos este tópico após abordarmos o Sistema de Gestão Integrado devido à necessidade do SGI para o atendimento à norma.

A norma reforça a importância de ações preventivas, mostrando que um sistema de gestão de SSO pode ser mais efetivo e eficiente ao tomar medidas antecipadas durante a abordagem de riscos e oportunidades. Desta forma, será possível evitar algum evento não desejado pela empresa e que exponha os colaboradores a riscos à sua saúde e à integridade física. O desempenho da empresa e a melhoria da gestão de SSMT acontecerá através:

♦ do desenvolvimento e implementação de uma política e objetivos de SST;
♦ do envolvimento da alta direção, demonstrando liderança e comprometimento no que diz respeito ao sistema de gestão de SST;
♦ do estabelecimento de processos que considerem seu contexto e que levem em conta os riscos e as oportunidades;
♦ da determinação dos perigos e riscos de SST associados às atividades, buscando eliminá-los ou minimizando seus efeitos potenciais;
♦ do aumento da conscientização dos perigos e riscos de SST e dos controles operacionais associados, através de informação, comunicação e treinamento;
♦ do desenvolvimento e apoio a uma cultura de segurança e saúde ocupacional na organização;
♦ da avaliação do seu desempenho em SST e inserção da melhoria contínua.

Mas, você, leitor pode estar se perguntando: quais as vantagens na implantação da ISO 45001?

São inúmeros os benefícios da implementação da ISO 45001 em uma organização. Dentre eles, podemos citar:

♦ Facilitar a implantação de mais de uma norma ISO, através da adoção da Estrutura de Alto Nível, gerando menos conflitos, duplicação e equívocos.
♦ Melhorar o gerenciamento dos perigos, riscos e oportunidades relacionadas à saúde e segurança do trabalhador.
♦ Estabelecer controles que reduzem riscos e acidentes do trabalho.
♦ Com a redução de acidentes, há a melhoria da qualidade de vida do colaborador, além da redução dos custos que um acidente pode gerar.
♦ Reduzir custos financeiros devido a multas e passivos trabalhistas.
♦ Diminuir índices de afastamentos e *turn over*.

6.1 A estrutura da ISO 45001

A partir de 2012, as normas ISO apresentam o modelo de estrutura baseado no Anexo SL (*Structure Level*), o qual fala especificamente das diretivas da Norma do Sistema de Gestão. Com isto, fica mais fácil para as organizações integrar a certificação de duas ou mais Normas de Sistemas de Gestão, como, por exemplo, na implantação do Sistema de Gestão Integrado (SGI) envolvendo as ISO 14001 (Sistema de Gestão do Meio Ambiente), ISO 9001 (Sistema de Gestão da Qualidade) e ISO 45001.

Segundo a ISSO 45001, a abordagem do sistema de gestão de Saúde e Segurança (SSO) é baseada no conceito *Plan-Do-Check-Act* (Planejar-Fazer-Checar-Agir) (PDCA). Esse conceito é um processo iterativo, utilizado pelas organizações para alcançar uma melhoria contínua. Pode ser aplicado a um sistema de gestão e a cada um de seus elementos individuais:

a) Plan (Planejar): determinar e avaliar os riscos de SSO, as oportunidades de SSO, outros riscos e outras oportunidades, estabelecer os objetivos e os processos de SSO necessários para assegurar resultados de acordo com a política de SSO da organização.

b) Do (Fazer): implementar os processos conforme planejado.

c) Check (Checar): monitorar e mensurar atividades e processos em relação à política de SSO e objetivos de SSO, e relatar os resultados.

d) Act (Agir): tomar medidas para melhoria contínua do desempenho de SSO, para alcançar os resultados pretendidos.

A Figura 4.4 mostra a relação entre o conceito PDCA e a ISO 45001.

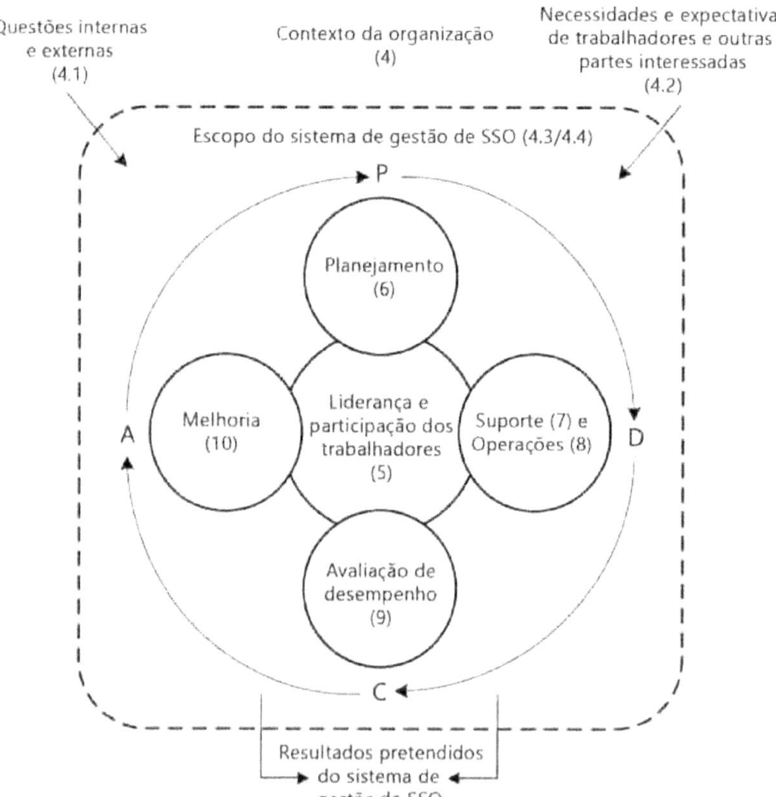

Figura 4.4   Relação entre o PDCA e a estrutura da ISO 45001. *Fonte:* ABNT ISO 45001.

Esta estrutura é a mesma para todas as normas de sistemas de gestão publicadas pela ISO, com a seguinte formação:

- Escopo;
- Referência Normativa;
- Termos e Definições;
- Contexto da Organização;
- Liderança;
- Planejamento;
- Apoio;
- Operação;
- Avaliação de Desempenho; e
- Melhoria.

Fatores de sucesso

A escolha em implantar um sistema de gestão de SSMT é uma decisão estratégica e operacional para a empresa. Seu sucesso está diretamente relacionado com o comprometimento da liderança e a participação de todos os níveis e funções da organização. A implementação e sustentabilidade do sistema de gestão, sua eficácia e capacidade de atingir os objetivos dependem de diversos fatores-chave, como, por exemplo:

- liderança e comprometimento da alta direção;
- participação e dedicação dos trabalhadores;
- integração do sistema de gestão SST em processos de negócio da organização;
- contínua avaliação e monitoramento do sistema de gestão de SSO para melhorar o desempenho de SSO.

6.2 Auditoria e certificação

Auditoria é um exame sistemático das atividades desenvolvidas em determinada empresa ou setor, que tem o objetivo de averiguar se elas estão de acordo com as disposições planejadas e/ou estabelecidas previamente, se foram implementadas com eficácia e se estão adequadas.

A auditoria é caracterizada pela confiança em diversos princípios, tais como integridade, apresentação justa, devido cuidado profissional, confidencialidade, independência, abordagem baseada em evidência e abordagem baseada em risco. A aderência a estes princípios é um pré-requisito para serem fornecidas conclusões de auditoria que sejam pertinentes e suficientes, o que irá permitir também que os auditores, trabalhando independentemente entre si, cheguem a conclusões similares em circunstâncias similares.

A seguir são apresentados os sete princípios mencionados acima, conforme trata a ISO 19011 (Diretrizes para auditoria de sistemas de gestão):

a) Integridade: o fundamento do profissionalismo

É requerido dos auditores e as pessoas que gerenciam um programa de auditoria que desempenhem seu trabalho eticamente, com honestidade e responsabilidade; somente realizem atividades de auditoria se forem competentes para isso; realizem seu trabalho de forma imparcial, mantendo-se justos e sem tendenciosidade em todas as suas interações;

b) Apresentação justa: a obrigação de reportar com veracidade e exatidão

As constatações de auditoria, conclusões e relatórios de auditoria reflitam com veracidade e precisão as atividades de auditoria. Caso existam obstáculos significativos encontrados durante a auditoria e que não foram resolvidos por divergência de opiniões entre a equipe de auditoria e os auditados, tais obstáculos devem ser reportados, mostrando uma comunicação verdadeira, precisa, objetiva, em um tempo hábil, de forma clara e completa;

c) Devido cuidado profissional: a aplicação de diligência e julgamento em auditoria

É conveniente que os auditores exerçam o devido cuidado de acordo com a importância da tarefa que eles executam e com a confiança neles depositada por todas as partes interessadas. Uma qualidade importante na realização do trabalho de auditoria é fazer julgamentos ponderados em todas as situações de auditoria.

d) Confidencialidade: segurança de informação

Convém que os auditores tenham discrição no uso e proteção das informações obtidas e que estas, não sejam utilizadas de forma inapropriada visando ganhos pessoais pelo auditor ou pelo cliente da auditoria. Este princípio inclui o manuseio de informação sensível ou confidencial.

e) Independência: a base para a imparcialidade da auditoria e objetividade das conclusões de auditoria

É conveniente que os auditores sejam independentes da atividade que está sendo auditada, quando for praticável, agindo de tal modo que estejam livres de tendenciosidade e conflitos de interesse. Para auditorias internas, convém que os auditores sejam independentes da função que está sendo auditada, se praticável. A objetividade ao longo do processo deve ser mantida para assegurar que constatações e conclusões de auditoria sejam baseadas apenas em evidências de auditoria;

f) Abordagem baseada em evidência: método racional para alcançar conclusões de auditoria confiáveis e reprodutíveis em um processo sistemático de auditoria

A evidência de auditoria deve ser verificável, baseada em amostras da informação disponíveis, já que a auditoria ocorre durante um período de tempo finito e com recursos limitados.

g) Abordagem baseada em risco: uma abordagem de auditoria que considera riscos e oportunidades

É conveniente que a abordagem baseada em risco possa influenciar substancialmente o planejamento, a condução e o relato de auditorias, para assegurar que sejam focadas em assuntos significativos para o cliente de auditoria e para alcançar os objetivos do programa de auditoria.

As auditorias podem ser divididas em:
- Auditorias de primeira parte
- Auditorias de segunda parte
- Auditorias de terceira parte

Nas auditorias de primeira parte ocorrem as ações internalizadas para verificação dos sistemas, procedimentos e atividades, visando determinar se eles estão adequados e sendo cumpridos. As auditorias de segunda e terceira parte envolvem pessoas e empresas externas, ou seja, quando uma empresa realiza a auditoria para a certificação.

Para uma organização obter a certificação, ela precisa passar por uma auditoria de certificação. Este processo cabe aos organismos de certificação (ou certificadores), que sejam reconhecidas pelo IAF (*International Accreditation Forum*).

Saiba mais
A publicação da ISO 45001

A publicação da OHSAS 18001:1999 introduziu o Sistema de Gestão de Segurança e Saúde Ocupacional, baseado nas experiências positivas vivenciadas pela ISO referentes à gestão de qualidade (ISO 9000) e gestão ambiental (ISO 14000), apesar do fato da própria ISO ter rejeitado por duas vezes, em 1996 e 2000, a criação de um Comitê Técnico para desenvolvimento de um SGSSO (Sistema de Gestão da Saúde e Segurança Ocupacional) em seus padrões, por entender que a competência para esse tipo de modelo de gestão era da OIT.

Em 2007, o grupo de trabalho responsável pela OHSAS publicou a atualização da norma, tornando compatível com as normas ISO 14001:2004 e ISO 9001:2000, atualizou conceitos de segurança e saúde do trabalho e estabeleceu requisitos absolutos em suas especificações para o desempenho da SST dentro da organização, a partir de uma melhor definição de seus termos e conceitos. Desde então, a OHSAS 18001:2007 tem sido referência na certificação de sistemas de gestão de SST para organizações de qualquer porte, nível e país de atuação. Somente aproximadamente 20 anos após os primeiros passos dos sistemas de gestão em segurança e saúde ocupacional, a ISO assume a responsabilidade do desenvolvimento de suas diretrizes para implementação e manutenção dos sistemas. Foi em 2013 que houve a aprovação para a criação da ISO 45001:2018, e seu comitê de desenvolvimento do esboço sendo formado no ano seguinte. Após dois anos de trabalho, finalmente foi publicado seu esboço em janeiro de 2016.

Em março de 2018, a ISO 45001:2018 foi publicada oficialmente estruturada a partir do "Anexo SL" que alinha o seu padrão com o das outras normas publicadas pela ISO, visando uma adaptação ao conceito de sistema de gestão do futuro, que permitirá um sistema de gestão integrado, com todos os setores da organização funcionando a partir do mesmo padrão de interligação, promovendo sua integração em totalidade.

Referências

ABNT - Associação Brasileira de Normas Técnicas. **NBR ISO 9000/2015 - Sistemas de gestão da qualidade – Fundamentos e vocábulo.** Rio de Janeiro, ABNT, 2015.

__________. **NBR ISO 45001/2018 - Sistemas de gestão de segurança e saúde ocupacional.** Rio de Janeiro, ABNT, 2018.

__________. **NBR ISO 19011/2018 – Diretrizes para auditoria de sistemas de gestão.** Rio de Janeiro, ABNT, 2018

__________. **NBR 14725-4 - Produtos químicos — Informações sobre segurança, saúde e meio ambiente.** Rio de Janeiro, ABNT, 2014.

__________. **NBR 6493 - Emprego de cores para identificação de tubulações industriais.** Rio de Janeiro, ABNT, 2018.

__________. **NBR 7195 - Cores para segurança.** Rio de Janeiro, ABNT, 2018.

__________. **NBR 6068 – Veículos rodoviários – Massas e dimensões de adultos.** Rio de Janeiro, ABNT,2015.

__________. **NBR-ISO 8995 - Iluminação de ambientes de trabalho.** Rio de Janeiro, ABNT (2013).

__________. **NBR-ISO 7250 – Corpo Humano – Definições de medidas.** Rio de Janeiro, ABNT (2010).

ACGIH - American Conference of Governmental Industrial Hygienists. **Limites de exposição (TLV´s) para substâncias químicas e agentes físicos e limites biológicos de exposição.** Cincinnati (OH); 2002. Tradução da Associação Brasileira de Higienistas Ocupacionais: São Paulo (SP); 2002.

AGÊNCIA CBIC: **eSocial terá multas automáticas.** Disponível em <https://cbic.org.br/esocial-tera-multas-automaticas/> Acesso em 08/01/2019.

AGÊNCIA NACIONAL DE TRANSPORTES TERRESTRE (ANTT). - **Classificação de Produtos Perigosos - Parte 2.** Disponível em <http://ftp.antt.gov.br/acpublicas/apublica2003-08/APublica2003-08_03.pdf> Acesso em 22/01/2020.

AIHA *American Industrial Hygiene Association.* ***WEEL – Workplace environmental exposure levels guide.*** Fairfax (VA); 2002.

ANAMT - Associação Nacional de Medicina do Trabalho. 28 de abril: **Dia Mundial da Segurança e Saúde no Trabalho.** Disponível em <https://www.anamt.org.br/portal/2018/04/28/28-de-abril-dia-mundial-da-seguranca-e-saude-no-trabalho-2/> Acesso em 03/04/2020.

AÑEZ, C. R. R. **Antropometria na Ergonomia.** Artigo - PUC PR. Disponível em <http:/ /segurancanotrabalho.eng.br/ergonomia/11.pdf> Acesso em 22/03/2020.

ASFAHL, C. Ray. **Gestão de Segurança do Trabalho e de Saúde Ocupacional** / C. Ray Asfahl; tradução Sérgio Cataldi e Vera Visockis. São Paulo: Reichmann & Autores Editores, 2005.

AUGUSTO, V. G. *et al.* **Um olhar sobre as LER/DORT no contexto clínico do fisioterapeuta.** Rev. Brasileira de Fisioterapia. v.12, n.1, p.49, 2008.

BRASIL. Escola Nacional de Inspeção do Trabalho (ENIT). **Normas Regulamentadoras.** Disponível em <https://enit.trabalho.gov.br/portal/index.php/seguranca-e-saude-no-trabalho/sst-menu/sst-normatizacao/sst-nr-portugues?view=default> Acesso em 05/04/2020.

BRASIL, Ministério do Trabalho. **Portaria ministerial número 3214, normas regulamentadoras número 1 a 28 e anexos.** Brasília (DF): Diário Oficial da União; 28/12/1978.

BRASIL. Ministério da Saúde. Secretaria de Ciência, Tecnologia e Insumos Estratégicos. Departamento do Complexo Industrial e Inovação em Saúde. **Classificação de risco dos agentes biológicos** / Ministério da Saúde, Secretaria de Ciência, Tecnologia e Insumos Estratégicos, Departamento do Complexo Industrial e Inovação em Saúde. – 3. ed. – Brasília: Ministério da Saúde, 2017. 48 p.

__________. Lei 6437 - **Configura infrações à legislação sanitária federal, estabelece as sanções respectivas, e dá outras providências,** 1977.

__________. Lei 13589 - **Dispõe sobre a manutenção de instalações e equipamentos de sistemas de climatização de ambientes,** 2018.

CAMISASSA, Mara Queiroga. **Segurança e saúde no trabalho: NRs 1 a 36 comentadas e descomplicada**/ Mara Queiroga Camisassa. - Rio de Janeiro: Forense; São Paulo: Método: 2015

CASA CIVIL. **Lei Nº 12.997.** Disponível em <http://www.planalto.gov.br/ccivil_03/ _Ato2011-2014/2014/Lei/L12997.htm> Acesso em 25/09/2019.

COUTO, H. A. **Novas perspectivas na abordagem das LER/DORT.** Belo Horizonte: Ergo, 2000, 2 p.

COUTO, H. A. **Gráficos da ergonomia.** Rio Grande do Sul: Revista Proteção, 2013, n.259, 92 p.

CROWL, D. A.; LOUVAR, J. F. **Chemical Process Safety - Fundamentals with Applications.** Prentice Hall. 3ed, 2011.

CUNHA, I. A. *et al*, NHO 01 – **Procedimento Técnico – Avaliação da Exposição Ocupacional ao Ruído.** Fundacentro. São Paulo, 2001.

CUNHA, I. A. *et al*, NHO 11 - **Avaliação dos níveis de iluminamento em ambientes internos de trabalho.** Fundacentro. São Paulo, 2018.

CVS - Centro de Vigilância Sanitária de São José dos Campos: **Cartilha: Conceitos - Perigo X Risco.** Disponível em: <http://www.cvs.saude.sp.gov.br/up/7%20-%20Conceito%20Risco%20X%20Perigo%20-%20Neli%20Pieres%20Magnanelli%20(DVST).pdf> Acesso em 01/04/2020.

Dean, Warren (1971), A industrialização de São Paulo (1880-1945), São Paulo: Difel.

DOMINGOS DA SILVA, M. O adicional de insalubridade sob exame. Associação Nacional de Medicina do Trabalho – ANAMT, 2012. Disponível em <https://www.anamt.org.br/portal/2012/05/04/o-adicional-de-insalubridade-sob-exame> Acesso em 05/05/2020.

DUX, J. P.; STALZER, R.F.,1988. **Managing Safety in the Chemical Laboratory.** Van Nostrand Reinhold, New York.

FAZENDA, Ministério da. **ANUÁRIO ESTATÍSTICO DE ACIDENTES DE TRABALHO: AEAT 2016** / Ministério da Fazenda ... [*et al.*]. – Vol. 1 (2009) – Brasília: MF, 2017. 992 p.

FAZENDA, Ministério da. **ANUÁRIO ESTATÍSTICO DE ACIDENTES DE TRABALHO: AEAT 2017** / Ministério da Fazenda ... [*et al.*]. – Vol. 1 (2009) – Brasília: MF, 2017. 996 p.

FISCHER, D. **Um modelo sistêmico de segurança no trabalho.** Tese (Doutorado). Universidade Federal do Rio Grande do Sul, Porto Alegre, 2005.

FILUS, R. **O Efeito do Tempo de Rodízios Entre Postos de Trabalho Nos Indicadores de Fadiga Muscular**. 2006. 66 p. Dissertação de Mestrado - Pós-Graduação em Engenharia Mecânica – UFPR, Curitiba: 2006, 4 p.

FOGAÇA, J. R. V. **"O que é o Césio-137?"**; *Brasil Escola*. Disponível em: <https://brasilescola.uol.com.br/o-que-e/quimica/o-que-e-cesio-137.htm > Acesso em 15/09/2019.

Fundacentro. **Audiência pública sobre NR 9 e PGR reúne representantes de diversos setores da sociedade.** Disponível em <http://www.fundacentro.gov.br/noticias/detalhe-da-noticia/2019/9/audiencia-publica-sobre-nr-9-e-pgr-reune-representantes-de-diversos-setores-da-sociedade> Acesso em 05/01/2020.

GOVERNO FEDERAL. **Cronograma de implantação – eSocial.** Disponível em <https://www.gov.br/esocial/pt-br/acesso-ao-sistema/cronograma-de-implantacao> Acesso em 07/12/2021.

GRUPO VENTURE. **O que significam os Pictogramas GHS.** Disponível em <https://rotulosghs.com.br/o-que-significam-os-pictogramas-ghs/> Acesso em 29/03/2020.

HELERBROCK, R.; SILVA, D. N.. **"Acidente de Chernobyl"**; Brasil Escola. Disponível em: <https://brasilescola.uol.com.br/historia/chernobyl-acidente-nuclear.htm>. Acesso em 22/10/2019.

IIDA, I. **Ergonomia: projeto e Produção**. São Paulo: Edgard Blucher, 2016.

INCA - Instituto do Câncer. **Radiações Não Ionizantes. Ministério da Saúde** Disponível em < https://www.inca.gov.br/exposicao-no-trabalho-e-no-ambiente/radiacoes/radiacoes-nao-ionizantes> Acesso em 23/10/2019.

INSTITUTO NACIONAL DE TECNOLOGIA. Instituto Nacional de Tecnologia, desde 1921 gerando Tecnologia para o Brasil. Rio de Janeiro: INT, 2005.

KLIEMANN, M. P.; FERREIRA, M. S. **Análise ergonômica do trabalho em célula de produção de components automotivos: abordagem top-down e bottom-up**. Revista da Graduação: PUCRS, v.3, n.1, 2010, 4 p.

LICK, V. L. C. **Melhoria das condições de trabalho através da ação ergonômica participativa e da lógica do PDCA no setor automotivo**. 2003. 23 p. Mestrado profissionalizante em Engenharia – Universidade Federal do Rio Grande do Sul – UFRS, Porto Alegre, 2003.

KLETZ , T. **Lessons from disaster - How organizations have no memory and accidents recur**. Institution of Chemical Engineering, 1993.

KOLLURU, R. **Risk Assessment and management: a Unified Approach.** Massachusetts: McGraw-Hill, 1996.

LAPA, R. M.; GOES, L. S. **Investigação e análise de incidentes.** 1. Ed. São Paulo: Edicon, 2011.

McATAMNEY, L.; CORLETT, E. **RULA: Rapid upper limb assessment – A survey method for the investigation of work-related upper limb disorders.** Applied Ergonomics. 24:2, 91-99, 1993.

MACHADO, C. S. **Saúde e segurança no trabalho** / Carolina Sampaio Machado Rio de Janeiro: SESES, 2016.

MATEUS JR., J. R. **Diretrizes para uso das ferramentas de avaliação de carga física de trabalho em ergonomia: equação NIOSH e protocolo RULA**. 2009. 152 p. Dissertação de Mestrado – Pós-Graduação em Engenharia da Produção da UFSC, Florianópolis, 2009.

MEDEIROS, R. T. C. de. **Análise comparativa entre as normas internacionais de sistemas de gestão em segurança e saúde do trabalho: OHSAS 18001:2007 e ISO 45001:2018.** Monografia (graduação), Universidade Federal do Rio Grande do Norte, Centro de Tecnologia, Dpto Eng Civil. 2019.

MENDES, M. *et al*. **Normas ocupacionais do benzeno: uma abordagem sobre o risco e exposição nos postos de revenda de combustíveis.** Rev Bras Saúde Ocup, 2017.

ORGANIZAÇÃO MUNDIAL DA SAÚDE (OMS). **Coronavirus Disease (COVID-19) pandemic**. Disponível em <https://www.who.int/emergencies/diseases/novel-coronavirus-2019?adgroupsurvey=%7Badgroupsurvey%7D&gclid=Cj0KCQiAzZL-BRDnARIsAPCJs70K2Atx_vSH5nV62cQ8RrX5arWAKdND0ZhHRz6Wm5Qf29b_BA73GE0aApyLEALw_wcB> Acesso em: 30/11/2020.

LIGEIRO, J. **Ferramentas de avaliação ergonômica em atividades multifuncionais: A contribuição da ergonomia para o Design de ambientes de trabalho**. 2010. 219 p. Dissertação de Mestrado – Pós-Graduação em Design. UNESP, Bauru, 2010.

PANERO, J. e ZELNIK, M. **Las dimensiones humanas en los espacios interiores.** Estándares antropometricos. 5 ed. México : G. Gili, 1991.

RADIOPROTEÇÃO NA PRÁTICA. **Entenda de uma vez por todas.** Disponível em <https://radioprotecaonapratica.com.br/radiacao-entenda-de-uma-vez-por-todas/> Acesso em 22/10/2019.

REVISTA NATURE: **Bisphenol a goes through the skin.** Disponível em <https://www.nature.com/articles/news.2010.581> Acesso em 02/05/2017.

REVISTA PROTEÇÃO. **Saem números de acidentes de trabalho de 2018.** Disponível em <http://www.protecao.com.br/destaque/saem-numeros-de-acidentes-de-traba-lho-de-2018> Acesso em 15/02/2020.

__________. Aumentam os casos. Novo Hamburgo, RS, ano 2018, n 320, p. 22.

RIBEIRO NETO, J. B. M.; TAVARES, J. C.; HOFFMANN, S. C. **Sistemas de Gestão Integrados: qualidade, meio ambiente, responsabilidade social, segurança e saúde.** São Paulo: Senac Editora, 2008. 328p.

ROEBUCK JR.; J. A.; KROEMER, K. H. E.; THOMSON, W. G. **Engineering anthropometry methods.** New York: Wiley-Intersciencie : J Wiley, 1975.

RÖHM, D. G. **Percepção dos riscos presentes em uma edificação empresarial: diagnóstico e propostas.** 2013, 53p. Monografia (Especialização em Engenharia de Segurança do Trabalho) - Escola Politécnica da Universidade de São Paulo. 2013.

SALIBA, T. M. **Insalubridade e Periculosidade: Aspectos Técnicos e práticos** / Tuffi Messias Saliba, Márcia Angelim Chaves Corrêa - 12. Ed - São Paulo: LTr, 2013.

__________. **Manual Prático de Higiene Ocupacional e PPRA: avaliação e controle dos riscos ambientais** / Tuffi Messias Saliba, Maria Beatriz de Freitas Lanza. - 6ª ed. - São Paulo: Ltr, 2014.

SANDERS, M. S.; MCCORMICK, E. J. **Human Factors in Engineering and Design.** 7 Ed. New York: McGraw-Hill, 1993.

SANTOS, N. dos *et. al.* **Antropotecnologia: a ergonomia dos sistemas de produção.** Curitiba: Genesis, 1997.

SCHMIDT, M. **Loss of agro-biodiversity in Vavilov centers, with a special focus on the risks of genetically modified organisms (GMOs).** PhD Thesis, Vienna, Austria 2004.

SCHUBERT, B. **Problemas actuales del seguro obligatorio de accidentes a escala mundial.** Associación Internacional de la Seguridad Social. Estocolmo: 27ª Asamblea General, 2001.

SHINAR, D.; GURION, B.; FLASCHER, O. M. **The perceptual determinants of workplace hazards.** Human Factors Society: 35th Annual Meeting, San Francisco, California, 1991.

SOUZA, J. J. B.; PEREIRA, J. P. **Manual de auxílio na interpretação e aplicação da nova NR - 10: NR - 10 comentada.** São Paulo: LTr, 2005.

SOUZA, L. A. de. **"Acidente com césio-137";** Brasil Escola. Disponível em: https://brasilescola.uol.com.br/quimica/acidente-cesio137.htm. Acesso em 22/10/2019.

SPINELLI, R.; BREVIGLIERO; POSSEBON, J. **Higiene ocupacional: agentes biológicos, químicos e físicos.** São Paulo: Editora Senac, 2006.

STANTON, N. *et al.* **The handbook of human factors and ergonomics methods.** CRC Press LLC. United States. 2004.

TIRELLI, M. A. **Aplicação de ferramentas de avaliação ergonômicas em um setor da indústria automobilística.** 2014, p. 38-50. Monografia (Especialização em Engenharia de Segurança do Trabalho) - Escola Politécnica da Universidade de São Paulo, São Paulo, 2014.

TORLONI, M. **Programa de proteção respiratória: recomendações, seleção e uso de respiradores**/coordenador técnico, Maurício Torloni; equipe técnica, Antonio Vladimir Vieira, José Damásio de Aquino, Sílvia Helena de Araujo Nicolai e Eduardo Algranti. - 4. ed. - São Paulo: Fundacentro, 2016.

TUIUTI - **Entenda para que serve a FISPQ.** Disponível em <https://www.epi-tuiuti.com.br/blog/curiosidades/entenda-o-que-e-fispq-e-para-que-serve/> Acesso em 15/02/2020.

UEMA, L.K.; RIBEIRO, M.G. **Pictogramas do GHS e sua aplicação como ferramenta de comunicação de perigos para estudantes de graduação.** Artigo - Disponível em <http://quimicanova.sbq.org.br/detalhe_artigo.asp?id=6557> Acesso em 02/03/2020.

USP, Escola Politécnica. **Apostila do Curso de Engenharia de Segurança do Trabalho** - Programa de Ensino Continuado em Engenharia - POLI. São Paulo, 2012.

WISNER, A. (1994a). **A inteligência no trabalho: textos selecionados de Ergonomia**. (I. Ferreira & R. Leal, Trads.) São Paulo: Fundacentro.